JN124213

地球に生命の生まれたわけ

生命は水と宇宙の一体性から

劔 邦夫

Tsurugi Kunio

風詠社

まえがき

　私は40年ほど前に、新設の医科大学に教授として着任しました。それまではタンパク合成関係の研究をしていたのですが、その発展性に限界を感じてしまい、思い切ってエネルギー代謝系の研究に移行しました。

　そして、何年かして、酵母にエネルギー代謝リズムがみられることに気づき、手探りでその研究を始めました。そして、20年ほどの在任中にどうにかそのメカニズムを解析し、結論を出すことが出来ました。

　しかし、当時は遺伝子解析が始まり盛んになった頃で、生命はDNAを中心とした遺伝子発現系に依存するものと考えられていました。ですから、エネルギー代謝の論文を書いてもそれを掲載してもらえる科学雑誌を見つけるのが大変で、苦労の連続でした。

　それで、退職後になんとかエネルギー代謝の重要性について本にまとめて発表することにしました。しかし、今度はそれを出してくれる出版社が見つからず、自費出版という形でなんとか出したのです。そのタイトルは「生物とは何か」で、サブタイトルでは「我々はエネルギーの流れの中に生きている」というものでした。

　考えてみると、その根拠となった現象は酵母のエネルギー代謝リズムという、きわめて限定されたものでしたから興味を持たれないのも分からないわけでもありません。しかも、現在にいたるまでも、高等生物を対象としたその分野の研究はまだほとんどありません。

　それでその後、高等生物などの論文や書籍などを読み、それらのエネルギー代謝について学ぶことにしました。すると、エネルギー代謝リズムなどに直接関係するものは見当たりませんでしたが、それに関連する研究報告は沢山あり、また、物理学的な学説や理論もかなりあることが分かりました。

2

　それらを随時まとめて、数回に分けて自費出版してきました。それだけ問題が複雑ですが興味深かった、ということだとご理解ください。そして、前著『エネルギー代謝から見える生命と宇宙の一体性』では、ようやく高等生物のエネルギー代謝と、宇宙の素粒子、量子などの研究や理論報告を直接結びつけ、その一体性を書けたように思います。

　しかし、題名にしろ、話の内容にしろ、一般の方々ばかりか生物学者の方々にもなじみの無い難しい話が多かったようで、結果的には失敗でした。

　それで今回は、内容を整理して分かりやすくなるように努めて書き直してみました。我々の命が宇宙の一角から生まれた地球の上で、量子真空の力で生まれた重要な宝物であることを強調して書き直したつもりです。また、現在問題になっている地球温暖化や生物絶滅危機などの理解にも繋がってくるものと思います。

　最後に、これを書くにあたりお世話になった妻和子始め息子たち家族に感謝いたします。

劍　邦夫

目　次

装幀　2DAY

地球に生命の生まれたわけ

生命は水と宇宙の一体性から

第1章　生物と水とエネルギー

◎生物とは何か

　「生物」を広い意味でとらえると、それは生き生きして見えるものを指すわけで、生命を持たない物質的なものも含めて考えることもできます。では、生き生きして見えるものはどういう性質のものか、ということになりますと少し複雑のようですが実はそうでもありません。

　例えば、無生物（物質）では、いろいろな形に姿を変えて流れる雲や浜に打ち寄せる波など、水を主とした物質の動きが生き生きと感じられます。それは「あるリズムをもって持続的に動いている」からだと考えられます。

　波は水面の隆起と崩壊の繰り返しで生き生きとして見えますが、始めは風などのエネルギーで水が立ち上がり、ある程度の大きさになると、波の重さが力となって重力に引かれてくだけます。そして今度は、そのくだけた時に持っているエネルギーが風の力を受けやすくして、次の波をおこす力になるように考えられます。

　つまり、リズムを作るには、その構造物がエネルギーを受け入れて一時的な化学的変化を行い、その後そのエネルギー消費後に元に戻ることを繰り返すことが必要です。

　このような構造物はそう多くないように思われ、その性質を科学的にまとめることは難しいように考えられますが、イリア・プリゴジン（1977年ノーベル賞）やエリッヒ・ヤンツらによって「散逸構造理論」として提唱されました。

　彼らの理論によれば、生き生きとして見えるものは、「エネルギーを

散逸するように消費しながら、二つの構造をフィードバックするようにリズミックに繰り返す構造物」ということになります。

　実は、プリゴジンらの初めの頃の論文は微分・積分学を中心とした高等数学によるもので、その化学反応の本質はあまり分かっていませんでした。しかし、次第にそれは「電子の移動」を中心にした反応であることが分かってきました。

　例えば、水がリズム形成するにはエネルギーが入ることが必要ですが、それによって水分子の間に電子の移動を本質とする分子あるいは原子レベルでの反応が進み、それがリズム変化になって現れるということです。

　初めのうちは、散逸構造としてあげられたものは物質的な無生物などが多かったのですが、そのうち生物にも研究が進みました。そして、生体内のリズム形成反応も、原理的には同じ「散逸構造」だということが分かってきたのです。

◎体内リズムと電子の役割

　我々生物の体内リズムとしては、呼吸、心拍などが重要なものとして自覚されますが、これらのリズミックな動きは筋肉やそれを支える神経、血液などによって総合的に作られるものです。

　大事なのは、それらの動きを支えるエネルギー源で、それらは食物として体外から取り込むことによって得られます。それを体内で使うには、エネルギー代謝系で量的、質的に利用可能なエネルギーに作り替えることが必要です。

　しかし、波のような無生物の作るリズムと生物の体内で行われるリズムのエネルギーが同じものとはちょっと考えられません。が、やがてそれは我々が日頃使っている電気のエネルギーでもある「電子」だという

ことが分かってきました。その働きかたは、生物、無生物間で根本的には同じだと言っていいほどよく似ているのです。

　その共通のエネルギー「電子」は電気的にはマイナスにチャージしていて、プラスにチャージしている原子核の周りを取り巻いている原子の構成成分です。しかし、電子は原子から離れて働くこともあり、電線のなかを流れれば電力になるように、とても活動的なエネルギーをもった粒子なのです。

　そして、後で詳しく説明しますように、電子は「素粒子」、つまり宇宙で一番小さな粒子の一種で、エネルギーに富んでいて「量子」グループの中心的な粒子になります。

　では電子の働きについてもう少し詳しく知るために、水分子が波形成にどのように働くのか考えてみましょう。水分子は H_2O と書かれるように、水素 2 原子と酸素 1 原子が結合してできています。水はあって当たり前の物のように思われますが、生命維持には必須のものなのです。

　酸素も水素も小さな原子ですが、後でお話しする酸化や還元反応で活動するなど反応性が高いもので、水はそれらの結合物ということになります。

　水が波や氷になることは、これからお話しする生命には直接関係はないのですが、その成分の電子や水素の性質を知るには重要ですので簡単にお話ししておきます。

　なお、この件については、インターネットの多くのサイトで専門家の詳しい記事が沢山ありますので、興味のある方はそちらをご覧ください。

◎水の高次構造と性質

　では、まず水分子の構造ですがいうまでもなく水素と酸素の結合体です。各原子の電子の数はその原子の原子番号と同数で、水素は原子番号1ですから1個の電子、酸素（原子番号8）には8個の電子が回っています（図1・左図）。

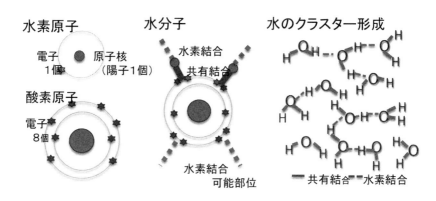

図1　水分子の構造。左図：水素原子と酸素原子の構造。
中図：水分子の構造。右図：水のクラスター形成図

　重要なのは、原子核を回る電子の配置数は決まっており、1周目には2個のみで、2周目以上には8個ずつ配置されます。そして、電子がそれだけの数揃っている時は、各電子は粒子状になりますから、その動きは静かでエネルギーが低い状態になります。一方、その配置に空きがあると、電子は波動状になり活性（反応性）は高くなります。

　水分子の水素は原子番号が1ですから、原子核は1個の陽子（電荷は＋1）のみからなり、その周りを1個の電子（電荷は−1）が回っています。

12

　また、原子の中央にある原子核には、普通、原子番号と同じ数の陽子（＋1）と電荷を持たない「中性子」が結合しているのですが、水素原子の原子核の場合は例外的に中性子を持っておらず、陽子1個のみで「プロトン」と呼ばれることもあります。

　このように水素原子は電子が1個で、原子核も陽子1個ですから乖離しやすく、両者とも反応性が高くなり、エネルギー代謝で重要な機能を行えるということになります。

　実際に、水素原子でも原子核に、陽子に加えて中性子をもつものがあり「重水素」と呼ばれています。中性子が加わるために、重水素の安定性は増しても反応性は低くなり、生体内ではほとんど使われていません。

　また、酸素は8個の原子のうち2個は1周目で、6個は2周目にあります。そして、その2周目の6個のうち2個は水素原子の電子との「共有結合」に関係しますが、残りの4個はフリーでかなり活性が高いのです（図1・中図）。

　それで、酸素のフリーの4電子は、近くにある別の水分子の水素と電気的にひきあって「水素結合」することができます。「水素結合」は共有結合と違って結合は間接的で弱く、温度によってその結合力が変わってきます。

　また、水素結合は1分子に2本（フリー電子2個で1本）できますから、二つの水と結合できます。そして、その結合した水分子も同じように水素結合できますから、水分子の結合体は上下左右に大きく広がることができます。温度によりますが、一部は水素結合で結合し、水分子のクラスターを作っています（図1・右図）。

　そして、水素結合は温度が低いほど安定化しますから、零度では全水素結合が硬く結合し、大きな氷になることができます。逆に、温度が高いと水素結合は切れ易くなり、100度近くになると沸騰状態になり水分

子はバラバラになるのです。

　私は大学では主に蛋白合成関係の生化学実験をやっていましたが、必ず水を溶媒として、35度くらいの温度で反応させていました。今考えると、それは体温にちかい温度を選んでいたことが分かります。

　それは当然のことのように思ってやっていましたが、それは溶媒の水の水素結合が適当な強さになり、タンパクや核酸などの反応分子が働きやすいように加減しながらやっていたということだったのです。

　つまり、温度が高過ぎれば、沸騰するまでもなく水分子間の水素結合が弱くなって、反応分子が動きすぎてうまく作用できなくなり、逆に温度が低過ぎれば水素結合が安定化して分子がうまく動けなくなり、やはり反応できなくなります。

　ですから、体の細胞内の水分子も、隙間を埋めているだけではなく、いろいろな反応系の分子群をうまくまとめて、反応しやすいようにしているのだと考えられます。

　また、水分子はこれからお話しするエネルギー代謝系そのものには直接関係しませんが、構成成分である、電子、水素や酸素などはエネルギー代謝で主導的に作用するものです。

　この後、エネルギー代謝についてお話しいたしますが、これらの構成成分の作用に注意してお読みください。こまかい化学反応などは気にされる必要はまったくありません。

◎エネルギー代謝における電子の役割

　では、生物のエネルギー代謝のリズム形成では、電子はどのように機能しているのでしょうか。まずは、エネルギー代謝系に電子がどのよう

に関係しているのか考えてみましょう。

　エネルギー代謝系といっても複雑で、いろいろな化学反応が含まれていますが、その中心は酸化還元反応です。ご存知のように、「酸化反応」はある分子に酸素が結合する反応で、「還元反応」は水素が分離、離脱する反応と言われています。このことからも水分子が関係していることが分かります。

　エネルギー代謝の役割はエネルギー産生ですが、その基本的な反応はいうまでもなく酸化反応です。家でもお湯を沸かす時はエネルギー源として火を使いますが、火はガスの炭素が空気中の酸素で酸化されて熱を産生します。

　体内でも同じ原理で、基本的には酸素でブドウ糖などに含まれる炭素を酸化してエネルギーをエネルギーの保持／運搬役であるATPとして作り出しています。

　ところが、次にお話ししますが、エネルギー代謝系の前半にある解糖系では酸素は使われません。それでも酸化反応ができるのは、酸化反応には酸素が結合する反応のほかに、水素原子が奪われる脱水素反応もふくまれるからです。

　というのは、酸化反応の本質は電子を失う反応「電子離脱反応」で、酸素が結合する反応も、水素が離脱する反応もこの点では同じなのです。

　そして、酸化反応の逆反応、つまり、酸素の離脱か水素の結合反応が還元反応で、本質的には電子を取得する反応になります。

　これからお分かりのように、電子の離脱（酸化反応）と結合（還元反応）、つまり、電子のやり取りは二つの分子間で共役しておりますので、まとめて「酸化還元反応」と呼ばれます。つまり、酸化と還元反応は同時に起こり、それは電子の移動によるのです。

　このように電子の反応性は高く、電子の転移反応は生体内のエネル

ギー代謝系だけでなく、自然界で起こる化学反応のほとんどすべてがこの方法で行われています。生体内でのエネルギー代謝系では、電子の転移で得られたエネルギーはATP分子を介して他の代謝系に与えられて反応を促進します。

　ですから、体内ではすべての反応が電子によって調整され、その電子産出にあたるのがエネルギー代謝系で、その運搬役をするのがATPということになります。

◎嫌気的エネルギー代謝——解糖系

　それでは、ここからはエネルギー代謝の機構をお話しすることになります。これらは学校などでもよく勉強されてきていますから、詳しくご存知の方は読み飛ばされて構わないと思います。

　エネルギー代謝には解糖系による酸素を使わない嫌気的代謝系と酸素を使うミトコンドリアを中心とする好気的代謝系があります。これらの反応系は基本的な部分は全生物で共通と言ってよく、生命現象としては基本的なものになります。

　また、それらの二つの反応系は並列してあるのではなく連続して機能するのです。それは解糖系の出発基質（最初の反応に使われる分子）はブドウ糖（グルコース）で、ミトコンドリアでは解糖系の代謝産物であるピルビン酸や乳酸などが反応系の出発分子になるからです。

　解糖系は酸素を使わず、水素原子のやりとりで酸化還元反応を行います。解糖系は10段階の酵素反応で行われますが、そのうちの2カ所の反応で酸化還元反応が行われます。

　エネルギー代謝系で行われる酸化還元反応では、解糖系の基質（反応分子）から得られた水素原子はまず、次節でお話しします「NAD」と呼ばれる助酵素へ渡され、それからATPに渡され、体内の化学反応に使われることになります。

　このNADとATPの役割は、水力発電でいうと、NADがダム湖でATPが発電装置のような関係になります。

　そのエネルギーの運び役として使われるATP（アデノシン－3リン酸）は、AMP（アデノシン－1リン酸）と呼ばれる有機リン酸化合物のリン酸基にさらに二つのリン酸基が結合したもので、その2カ所のリン酸結合に非常に高いエネルギーが蓄えられるものです。

　また、なぜATPのリン酸結合のエネルギーが高いのかはまだはっきりとは分かっていないようですが、リン酸結合にある電子の結合様式の変化に伴うものではないかと見られています。やはり電子が関係しているようなのです。

　では、解糖系がどのように行われるか簡単にお話ししますと（図2）、まず、基質であるブドウ糖は、前半でATPが使われて両端がリン酸化されて活性化されます。ですから前半の反応は準備段階のものになり、ATPの産生は後半で行われます。

　後半では、炭素6個が鎖状に連結するブドウ糖が、真

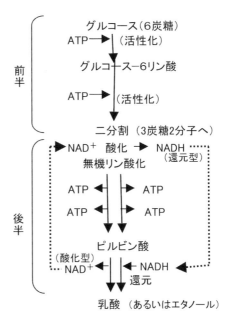

図2　解糖系　説明は本文にある通りです。

17

ん中で二分されて炭素3個（3単糖）のカルボン酸になります。そして、その切断された両末端が酸化され、そこに低エネルギーのリン酸分子が直接1個ずつ結合します。

　この末端のリン酸がADPに結合することにより、新たなATPの産生に使われるのです。ですから、2分されたブドウ糖から、各々2個のATPが作られますから、合計4分子のATPが産生されます。しかし、解糖系前半でATP2分子が使われますから、解糖系1回あたり正味2分子のATP産生になります。

　ATP産生後の3単糖はピルビン酸と呼ばれ、嫌気的なエネルギー代謝では、還元されて乳酸になって細胞外に排泄されます。

　また、好気的エネルギー代謝の時は、ピルビン酸がミトコンドリアに入って好気的代謝系の出発気質になります。また、乳酸になっても、必要なときは酸化されてピルビン酸になりミトコンドリアに入ります。

　解糖系のATP産生量はブドウ糖1分子あたり4分子ですから、好気的なミトコンドリアのエネルギー代謝に比べればごく少ないものです。そのかわり、短くてわりと単純な反応系ですから反応が早く、細胞としてもコントロールしやすく、ブドウ糖が足りない時は逆反応でブドウ糖を新生することも出来ます。

◎解糖系における助酵素NADの役割

　それでは解糖系の酸化還元反応で、基質からATPへの電子エネルギーの移動反応に共役的に働くNAD助酵素について、少しお話しします。

　図1で示されているように、ブドウ糖（六炭糖：炭素数が6個の単

糖）は解糖系の後半最初の反応で二分割されて三炭糖になり、その末端に無機リン酸が結合します。その直前に、その両末端が酸化されるのですが、その酸化反応に共役して、助酵素である酸化型 NAD が共役的に還元されるのです。

　助酵素（酸化型）NAD はニコチナマイド‐2 ヌクレオチドと呼ばれる低分子の酵素で、還元型 NAD は NADH と呼ばれ、これは酸化型NAD（NAD$^+$）から 2 個の電子（正確に言うと、電子 1 個と水素原子 1個）が結合した形になります。

　また、この反応で還元された NAD（つまり NADH）は、後半最後のピルビン酸が乳酸になる還元反応で酸化され、もとの酸化型 NAD（NAD$^+$）になります。

　そして、大切なのは、この解糖系の最後に出来た酸化型 NAD（NAD$^+$）が、解糖系前半の二分割ブドウ糖（三炭糖）を酸化する反応を促進するのです。ですから、NAD は酸化還元を繰り返しながら解糖系の反応を促進する作用もしているのです。

　ただ、解糖系の反応速度は一定ではなく、前半の NAD によって酸化された代謝物がある程度溜まってから、後半の反応が始まり、今度はその反応で生じた酸化型 NAD（NAD$^+$）がある程度増えたところで、最初の方にある酸化還元反応を促進するようになります。

　つまり、波に例えますと、前半では波が立ち上がってエネルギーを貯める反応になり、後半で波がくだけてエネルギーを放出する反応になります。

　これを繰り返すことによって解糖系の反応は酸化還元反応のリズム（フィードバック制御ループ）が形成され、促進されるのです。

　この解糖系のリズム形成は、酵母を、ミトコンドリアを薬物で止めて、嫌気的に培養する実験で確かめられています。NADH と NAD の量的

変化から解糖系が約3分周期のリズムを作って進行していることが証明されています。

　ただし、酵母は基本的には好気的生物ですから、嫌気的に培養できるのは一時的で、そのままにしておきますとやがて死んでしまいます。嫌気的生物を実験に使うのは難しいのです。

　また、次章から好気的エネルギー代謝についてお話をしますが、酵母のリズムで解糖系主として機能している時間帯でも嫌気的リズムは全く検出されません。好気的リズムの中では比較にならないくらい小さなものなのです。

第2章　好気的エネルギー代謝のいろいろ

◎ミトコンドリアでの好気的エネルギー代謝

　好気的生物が持つミトコンドリアは、酸素を使って効率よくエネルギー代謝を行い、多数の ATP 産生を行います。ミトコンドリアは外膜と内膜からできており、内膜はほぼ規則的に折りたたまれており、その内側の空間はマトリックスと呼ばれています。

　ミトコンドリアでのエネルギー代謝は大きく分けて、前半の TCA 回路（クエン酸回路）はマトリックスで、後半の電子伝達系は内膜を中心にして行われます（図3）。

　ミトコンドリアの酸化反応の出発基質としては、普通、解糖系の最後の酸化反応の直前にできるピルビン酸が使われます。

　ミトコンドリアに入ったピルビン酸はまず炭素2個のアセチル（酢酸）基になり、CoA（コエンザイム A）という助酵素が結合して活性化され、アセチル CoA となって TCA 回路（別名、クレブス回路）に入ります。

　TCA 回路ではアセチル基にある水素原子が切り離されて、各々 NAD（一部は FAD）助酵素に結合し、電子伝達系に運ばれます。また、アセチル基は2個ありますから、TCA 回路反応を2周することになります（なお、水素原子を切り離されて残ったアセチル基の2個の炭素原子は、血液で運ばれてきた酸素と結合し、二酸化炭素（CO_2）になって体外に排泄されます）。

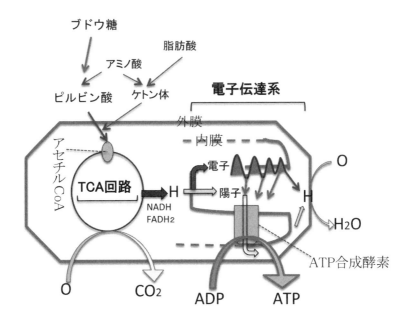

図３　ミトコンドリアにおける好気的エネルギー代謝

　　解糖系から代謝されてきたピルビン酸はアセチル CoA になり TCA 回路
に入ります。アセチル基の炭素は脱炭酸され、助酵素（NAD と FAD）と
結合した水素が、電子伝達系に入ります。水素原子の電子は高エネルギー
で内膜で陽子を吸収、それが ATP 産生に働きます。その後、電子または
陽子と結合して水素原子になり、酸素と結合して水になり排出されます。

　そして、TCA 回路を出た助酵素（NAD または FAD）と結合した水
素原子は、助酵素から切り離された後、原子核にある陽子（プラスに
チャージした原子核。普通、プロトンと呼ばれる）と電子に切り離され
ます。

　そして、電子のほうは電子伝達系が入っている膜内に放出されて電子
エネルギーで膜電位を活性化し、陽子（プロトン）を内膜内のマトリッ
クスに送りこむように働きます。

　そしてマトリックス内に集められた陽子（プロトン）と電子が共同的

に ATP 合成酵素を活性化し、ADP がリン酸化され ATP が合成されます。

　この反応後、プロトンと電子は結合して水素原子（H）になり、血液で運ばれてきた酸素（O）と結合して水（H_2O）になって細胞外に排出されます。

　このように好気的エネルギー代謝はブドウ糖が炭酸ガスと水にまで分解される反応ですから、電子のエネルギーの落差はとても大きいのです。ブドウ糖 1 分子から 30 個以上の ATP を産生でき、逆反応はまったく起きません。

　このようにミトコンドリア系でも電子は重要な働きをしているのですが、怖いのはなにかの原因で内膜の電子伝達系などの反応が停滞したり、逆に活性化し過ぎたりすると、電子伝達系にある電子が酸素に結合しスーパーオキシド（O_2^-）という活性酸素を作ってしまうことです。

　スーパーオキシドは他の非常に強い活性酸素を作りますから非常に危険なもので、遺伝子や膜などいろいろな分子を酸化して細胞機能を壊す原因にもなるのです。これが好気的生物の一番困るところで、結局は寿命を短くする原因になっているのです。

　ただ、スーパーオキシドは「体温」の生成や調節に関係しているのではないかという見方もあり、現在研究が進められています。もし、そうだとすると、寿命の調節に関係していることは生物としては計画済みのことなのかもしれません。ミトコンドリアの機能は ATP 産生だけではないのですね。

　また、ミトコンドリア反応系のエネルギー源となるのはブドウ糖だけではありません。脂肪やアミノ酸なども使われます。ことに脂肪の消費は多く、普通、ブドウ糖の 2 倍、全体の 50 〜 60％になります。

脂肪は脂肪組織に中性脂肪として貯留されていますが、そこから分離され遊離脂肪酸となり、アルブミンなどの血中タンパク質に結合して運ばれます。

　遊離脂肪酸は細胞の外膜に結合されて吸収されます。そして細胞内で分解され、炭素鎖4個ほどのケトン体（アセト酢酸が代表的）となり、水溶性になります。ケトン体はミトコンドリアで TCA 回路の基質であるアセチル CoA となって利用されます。

　また、アミノ酸は種類によって解糖系の成分やケトン体などに変換されて、ミトコンドリアに吸収され、アセチル CoA になって利用されます。

◎植物の葉緑体におけるエネルギー代謝

　以上、エネルギー代謝についてお話ししてきましたが、実は、これらは動物でみられるもので、植物でのエネルギー代謝はかなり違うのです。

　植物の場合は光合成でブドウ糖などの栄養素を自ら合成して使います。ですから、植物ではエネルギー代謝は、葉っぱにある葉緑体が中心になって行われることになります。

　葉緑体の構造は動物のミトコンドリアに似てレンズ状の二重膜でできていますが、内腔は広くストロマ（房水）と呼ばれ、チラコイドと呼ばれる膜構造を持っています。そして、そこで太陽光をエネルギー源として ATP 合成やブドウ糖合成などを行っているのです（図4）。

　この葉緑体でのエネルギー代謝は「光合成」と呼ばれ、「明反応」と「暗反応」からなっています。

　明反応は太陽光に対する反応で、主に内腔にあるチラコイドの膜で行われ、電子伝達系と ATP 合成を行っています。葉緑体に光が当たると、根から吸収された水分子（H_2O）は分解されて、酸素は空気中に放出さ

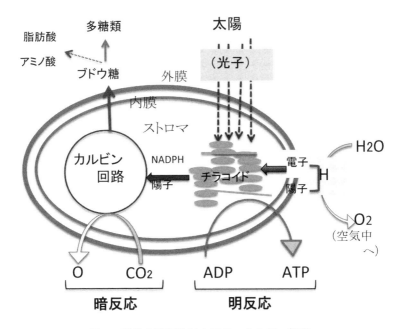

図4　植物の葉緑体におけるエネルギー代謝

　　明反応では太陽光の光子のエネルギーをストロマ（房水）の構造体チラコイドで受容し、吸収した水の電子を活性化し、ATP産生します。その後、電子と陽子は助酵素（NADP）に結合して活性化し、カルビン回路に入ります。
　　暗反応はカルビン回路で行われ、助酵素で運ばれた高エネルギーの水素原子は、外から吸収された炭酸ガス（CO_2）と反応して、炭素6個からなるブドウ糖が合成されます。

れますが、水素原子（H）は電子とプロトン（陽子）に分離され、そのうちの電子がチラコイドで太陽光の光子のエネルギーを受容して活性化されます。そして、ミトコンドリアと同様に、プロトンを内膜内へ送り込んで、ATP合成酵素を活性化してATP産生します。
　一方、暗反応の方はストロマ（房水）にあるカルビン回路と呼ばれる反応系で行われます。明反応で形成された電子とプロトンがNADと同種の助酵素であるNADPに結合しNADPH（＋プロトン）が形成され

ます。そして、この NADPH の還元力と、先に合成した ATP のエネルギーで、空気中から吸収された二酸化炭素を素材として、カルビン回路で一気にブドウ糖合成が行われます。

　このように、植物では太陽光をエネルギーとして電子を活性化して ATP 産生し、そのエネルギーでブドウ糖（グルコース）が作られることになります。

　また、植物も自分自身の成長や生命維持を行いますから、動物と同じように、葉緑体で合成されたブドウ糖を基質として解糖系とミトコンドリア系で ATP 産生が行われます。
　植物のミトコンドリアは葉緑体と同じ細胞内にありますが、動物のものとは異なり、小型の粒状で、お互いに融合と解離を繰り返しているということです。反応系も複雑に変化するようで、まだ研究中のことが多いようです。

　また、最終章でお話ししますが、地球上に最初に現れたのは植物系の生物で、ブドウ糖などの栄養物や酸素の空気中への排出が行われたおかげで動物が生まれてきたのです。つまり、植物での光合成によるブドウ糖の合成や酸素の産出がなければ、我々動物が生まれてくることはなかったのです。

◎単細胞生物（酵母）のエネルギー代謝リズム

　ここまでは、動物と植物のエネルギー代謝のメカニズムについて、嫌気的、好気的に分けてお話ししてきましたが、ここからは好気的エネルギー代謝がどのようにしてリズム形成しているかについてお話しするこ

とになります。それで、大変おこがましいのですが、我々が大学の研究室で始めたリズム形成の研究の話から始めさせていただきます。

　我々はまず、その研究を酵母のような単細胞生物を使って始めることにしました。というのは、出芽酵母を「持続培養」すると細胞分裂がリズムを作るように連続して観察されることが分かっていたのです。

　ただ、そのリズムの周期は24時間ではなく、4時間ほどの短いもので、単に酵母の連続性細胞分裂とみられていました。ですから酵母の研究者にも、あまり注目されてはいませんでした（実際に知らない人は多かったのです）。

　普通、行われる細胞培養は、「バッチ（一回きりの）培養」と言われるように、試験管やフラスコ内での培養で、細胞が増えて一杯になったらそれで終わりになります。それが酵母の持続培養ではバイオリアクターと呼ばれる機械を使って培養液や酸素を継続的に送り込むことによって長時間培養できるのです。

　すると、細胞がある濃度まで増えると細胞分裂が同期し、リズム形成するようになります。その周期は4時間くらいのもので、培養液中に残っている酸素の濃度をモニターすることで観察します（図5）。

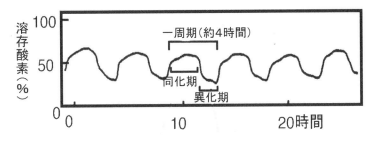

図5　好気的エネルギー代謝のリズム形成
酵母の持続培養系でのエネルギー代謝のリズム。

培養液には空気が一定速度で送り込まれていますから、液中に残っている酸素濃度を測定すれば、細胞がどれくらい酸素を使っているかが分かります。

　すると、酸素を多く使う周期とあまり使わない周期が2時間おきに交互にやってくるのが分かります。酸素をあまり使わない周期は解糖系が主役の「発酵期」で、酸素をよく使う周期はミトコンドリア系が主役の「呼吸期」と呼ばれているものになります。

　なお、細胞周期の二つの周期の呼び名についてはいろいろあって混乱するといけません。それでこの後は、発酵期はエネルギーを使うより、ブドウ糖を重合して多糖類のグリコーゲンを合成して蓄えるのが特徴ですので、「エネルギー貯蔵期」または「同化期」と呼ぶことにします。

　一方、呼吸期はそのグリコーゲンを分解してATP産生が盛んになりますので、「エネルギー消費期」または「異化期」と呼ぶことにします。

　我々が、この酵母のエネルギー代謝リズムを分析して分かったことは、酸素消費の少ない同化期（エネルギー貯蔵期）では、呼吸の抑制因子である還元型NAD（NADH）やATPの細胞内濃度が高くなっていました。

　これらのNAD（NADH）やATPは、解糖系でお話ししたように、基質（ブドウ糖）からのエネルギーを保有しているのですが、同化期ではミトコンドリアの活性そのものが低下していますから処理できなくなり、グリコーゲン合成、つまりエネルギー源の貯蔵に利用されることになります。

　一方、酸素の消費が盛んになる異化期では遺伝子発現やタンパク合成が盛んで、エネルギー（ATP）産生と消費が盛んになります。その結果、酸化型NAD（NAD^+）やATPは消費されて濃度は低くなり、呼吸が促進されているのです。

　また、異化期ではエネルギー代謝が上がるので ATP などの濃度は増加するのではと考えられますが、遺伝子発現やタンパク合成が盛んになるので、それに ATP が使われてむしろ低下するのです。さらにそれによってミトコンドリアの呼吸も促進されることになります。

　このよう研究結果から、酵母の持続培養での細胞分裂のリズム形成の機構がエネルギー代謝リズムで調整されていることを証明することができたのです。

　また、二つの細胞周期の調節機構としてもう一つ大切なのは、異化期に入るとサイクリック AMP（cAMP）という分子が合成されてくることです。酵母では、サイクリック AMP は細胞膜にある合成酵素によって ATP から合成され、異化期に活動する多くの酵素類の発現をすすめるなど広範な活性をもっています。

　このサイクリック AMP の産生は、酵母の異化期で細胞内の電子密度が低下して酸性化（pH6 くらいに低下）するからだと考えられています。

　このように、エネルギー貯蔵期（同化期）から消費期（異化期）への切り替わりでは、細胞質内の ATP や還元型 NAD（NADH）などの高エネルギー物質の濃度低下とサイクリック AMP の合成が重要なメカニズムになります。

第3章　高等生物でのエネルギー代謝リズム

◎ほ乳類の概日リズム

　前章でお話ししました持続培養で酵母の代謝リズムが現れることは、我々が研究するずっと前から知られていたのです。しかし、研究者自身がそれは酵母に特異な現象と見なしていたので、生物学の先生方にもほとんど知られていません。

　ですから、4時間周期で生きている酵母を使った研究から、体内リズムはエネルギー代謝リズムで支えられているなどという我々の論文は、インターネット上でも「妄想の産物」と言われても仕方ないことでした。

　現在でも、高等生物では遺伝子の研究が盛んな事もあり、生物リズムについても、時計遺伝子でできた「概日時計」によって調節されていると考えられています。つまり、ほぼ24時間周期（概日周期）の体内時計に従って生命が支えられていると考えられています。

　概日時計と呼ばれているのは、実験動物を昼夜サイクルのない暗い部屋（恒暗条件）で飼育すると、マウスのような夜行性生物では約23時間、イヌのような昼行性生物では約25時間の覚醒／睡眠サイクルになるからです。

　しかし、両者の間には時間の違いはあっても、概日時計の分子機構に違いはありません。結局、昼行性動物では夜が明けてから起きればいいので概日時計は24時間より少し長く、夜行性動物では夜が明ける前に眠らなければいけないので、24時間より短い方がいいと考えられます。

　つまり、概日時計は動物の都合の良いようにコントロールされているもので、普通の時計のように自分自身で正確に動いているものではない

のです。むしろエネルギー代謝系によってコントロールされている可能性が高いのです。

　繰り返すようですが、生物の生きるためのエネルギー代謝の周期ははっきりしていて、同化期では餌を探して食べ、代謝してエネルギーを蓄えます。そして、異化期ではその蓄えたエネルギー源を分解し、得られたエネルギーを使って細胞の成長や分裂が行われます。

　ですから、1日の生体内エネルギー代謝では異化期の開始が最も大切で、グルカゴンなどの異化ホルモンやサイクリック AMP などが働いて多くの遺伝子の発現が活発に始まるようになっているのです。

　概日リズムはエネルギー代謝の異化期／同化期のリズムに伴って受動的に動き出すので、特に概日時計機構は必要ないのです。では、異化期／同化期のリズムの調節に何が一番重要かということになると、それは主に血糖値の変化であることは明らかです。

　つまり、活動期（同化期）に食物をとって、エネルギーが十分獲得できれば睡眠に入り、睡眠中（異化期）にエネルギーを使い切れば覚醒に入るということです。ですから、まだはっきりしないと言っても、これらの反応系の調節の根本にあるのはエネルギー代謝系であることは確かです。

　このように、覚醒／睡眠の概日リズムも、食餌を中心とするエネルギー代謝の調節を受けて、脳で調節されていることが分かります。それだけエネルギー代謝は我々の体で重要な働きをしているのです。

◎ほ乳類のエネルギー代謝リズム

　ほ乳類のエネルギー代謝についての研究は多いのですが、酵母の4時

間の代謝リズムで見られた NAD$^+$/NADH 比や ATP の細胞内濃度の日内変化などの研究報告はまったく見当たりません。

　しかし、ほ乳類での概日リズムの研究論文の中には、ほ乳類においてもエネルギー代謝が同化相／異化相のリズムがあることを示唆する研究結果が多数見いだされるのです。

　先ず大切なのは、ほ乳類の活動／睡眠リズムがエネルギー代謝の同化／異化リズムと平行しているかどうかという問題ですが、それを直接研究している論文は見つかりませんでしたが、その答えは簡単です。

　それは、活動期や睡眠期に働くホルモンはよく分かっていますから、各期間で働くホルモン作用を考えると、同化／異化のリズムが平行して行われていることが分かるのです。

　つまり、活動期では同化を促進する「インスリン」が主に肝臓を中心に働き、睡眠期には異化ホルモンの代表である「グルカゴン」が働いています。これら代表的な二つのホルモンの１日の働き方を見ると、エネルギー代謝のリズムが見えてきます。

　つまり、活動期（昼行性動物では昼、夜行性動物では夜）にはエサを食べることにより血糖値が上がり、膵臓からインスリンが分泌されてきます。エサの中の糖類は、一部はエネルギー源として使われますが、多くはインスリンの作用で肝臓や骨格筋ではグリコーゲン、脂肪組織では中性脂肪として貯蔵されます。このことから、活動期はエネルギー代謝の同化期にあたることが分かります。

　そして、睡眠期にはグルカゴンなどの異化ホルモンが分泌され、エネルギー代謝が亢進されてきます。すると遺伝子発現やタンパク合成が促進し、新陳代謝が進みます。また、グルカゴンは多くの組織の細胞に働いてサイクリック AMP（cAMP）合成酵素を活性化し、エネルギー代謝を促進します。このことから、睡眠期が異化期であることが分かります。

　以上が高等生物でのエネルギー代謝を中心としてみた概日リズムですが、我々人間の生活をみて分かりますように、昼間は栄養を獲得する活動をして、夜は休んで体を支えるエネルギー代謝をするというようなシンプルな生活はやっていません。昼間はただ食べるだけでなく、働いて社会に尽くすとか、学校に通って勉強するとか、多くのエネルギーを使う活動をしなければなりません。

　そのため、我々は、昼間もエネルギー消費が盛んに行われるのですが、それは主に筋肉と脳の神経系の活動によります。ですから、これらの臓器は夜にエネルギー消費の行われる基本的エネルギー代謝系とはほぼ逆の代謝をすることになります。

　このように高等生物では生活が複雑ですから、酵母でやられているようなエネルギー代謝リズムの研究は、もともと無理なのです。

　しかし、これらの臓器のエネルギー代謝も、それはあくまでも肝臓を基本とした代謝系に関連し、それに依存したものなのです。つまり、同化期の昼間には、筋肉及び脳は肝臓からエネルギーを供給されながら活動し、同時に一部はそれらの臓器にグリコーゲンとして蓄えられ、それが夜に脳の活動に使われるのです。

　脳は昼間も活発に活動しますが、夜にも記憶の整理や蓄積に多くのエネルギーが使われるのです。

　これらのエネルギー代謝のコントロールは、主な調節機構であるインスリン、グルカゴン系にカップルするように、脳が機能して副腎皮質から糖質コルチコイド（ステロイドホルモン）が分泌されて行われます。

　これらの詳しいことは前著『エネルギー代謝から見える生命と宇宙の一体性』に書いてありますので、興味ある方はそちらをお読みください。

　また、高等生物の場合はエネルギー代謝のコントロールが複雑なこともあり、過食によって糖類を取りすぎると、ブドウ糖がどんどん解糖系

に入って進み、ミトコンドリアを十分に活性化出来なくなります。

　この状態は「好気的解糖」と呼ばれ、ミトコンドリアの電子伝達系に淀みが生じ、そこから活性酸素が多発して関係臓器の機能を阻害します。糖尿病、うつ病、認知症などの原因となり、また、がん細胞の発生にも関係しています。これらのことも前著で詳しく書いてありますのでそちらでお読みください。

◎老化と寿命について

　これまでお話ししましたように、我々の身体は各組織でエネルギーをうまく使い、進化した機能を果たしているように見えます。しかし、好調に好気的エネルギー代謝を行っているとしても、ミトコンドリアにおける活性酸素の発生は避けられず、それが主な原因となり、次第に各臓器組織の構造や機能が低下することになります。結局それが老化現象になり、寿命がくることになります。

　それでは、現在の我々高等生物の老化について考えてみますと、各組織でエネルギー代謝の消費量は違いますが、老化の進み具合は各組織でそんなに違うようには見えません。それは生物が複雑系で全体が一つの散逸構造をなしていますから当然のことなのだと考えられます。

　ですから、老化は全身的に調節された形で進むのが分かりますが、その中心となる調節機構があるはずです。それは発育期での成長のしかたを考えてみると、老化もホルモンによって調節されていると考えられます。

　発育期では全身的にまとまった成長が行われますが、その中心の働きをするのが成長ホルモンですし、思春期でも男女それぞれの性ホルモンで順調な性的成長が行われます。

　成長ホルモンや性ホルモンは成長期や青春期が過ぎれば、その分泌は他のホルモンに比べればかなり急激に低下してきます。そして、今、老化で一番注目されているのは、やはりこれらのホルモンの加齢に伴う機能低下なのです。

　成長ホルモンは、ご存知のように筋肉、骨、軟骨などの成長や維持に関係するもので、成長期には盛んに分泌され、身体の生育に貢献しています。

　では、成長ホルモンは成長期をすぎれば必要ないかと言うとそうではなく、全身的の臓器細胞での糖質、タンパク質、脂質の代謝の活性維持にも関係しています。そして、成長期を過ぎるとその分泌は次第に減少し、体力の低下、すなわち老化を促進する大きな原因となっています。

　一方、性ホルモンのうち、テストステロンは精巣から分泌される男性ホルモンですが、女性でも副腎、卵巣、骨格筋などから分泌され、閉経後は女性ホルモンに代わって主要な性ホルモンになります。

　そして、一口に性ホルモンと言ってもテストステロンの機能は幅広く、生殖器だけでなく、皮膚、毛髪、血液、免疫系などの細胞の増殖を促進し、若さを保つための多くの機能を持っています。

　また、女性ホルモンは閉経後に急速に減少するため、いろいろな更年期障害の症状が起きてきます。更年期障害は人によっては強いこともありますが、それが一段落すれば、その後の老化の進行にはあまり関係しません。ですから、女性の場合は、男性より10年ほど長生きできることになります。

　このように、老化期になると成長ホルモンや性ホルモンの減少で細胞機能が低下してきます。そのため、多くの組織でエネルギーの消費が減って、ATPやNADHなどの高エネルギー分子が余ってきて、相対

的に過剰になってくると考えられます。

　実際に、老化した動物の細胞内ではエネルギーの高い還元型 NAD（NADH）の方が酸化型 NAD（NAD$^+$）より多くなっていることが分かっています。始めは、酸化型 NAD が減少するのは NAD の酸化酵素が減少しているからだと考えられました。しかし、そうではなく、還元型 NAD（NADH）のほうが相対的に多くなり、酸化型 NAD（NAD$^+$）が減っていたのです。

　その理由は、老化によって細胞内で使われるエネルギー消費が減少するため ATP の消費が減ってきます。ATP の産生は、解糖系でもミトコンドリアでも、その産生に NADH が使われます。ですから、老化によって ATP 消費が低下すると還元型 NAD（NADH）の消費が減少してきますから、相対的に濃度が高くなるのです。

　そして、重要なことに、その NADH の細胞内濃度の上昇が老化を促進することが分かってきました。そしてそれには、「長寿遺伝子」と呼ばれるサーチュインが関係しているのです。

　つまり、長寿遺伝子サーチュインは長寿を促進する遺伝子として発見されたのですが、老化を促進する効果もあるのです。

◎長寿遺伝子サーチュイン

　長寿遺伝子を発見したのは、かのマサチューセッツ工科大学（MIT）のレオナルド・ガレンテ教授です。博士は延命効果を持つ遺伝子に興味をもち、出芽酵母を使って精力的に検索をつづけました。

　そしてようやく 8 年後に、サーチュイン遺伝子の Sir2（サーツー）を切除すると酵母の分裂寿命（分裂回数）が約 50% に短縮することを発見したのです。つまり、Sir2 が酵母の寿命（単細胞の酵母の場合は分裂

寿命になります）を 2 倍にも延長していることを示し、長寿遺伝子の発
見者として一躍世界的な脚光をあびることになったのです。

　その後、酵母でも複数の長寿遺伝子が見つかったのですが、ほ乳類で
も 7 種類（Sirt1 〜 7）あることが分かりました。そして、長寿遺伝子
の酵素活性はすべて同じ「タンパク質脱アセチル化酵素」であることが
分かってきました。
　つまり、基質（作用対象となる分子）となるタンパク質（多くは酵
素）のリジンという塩基性の強いアミノ酸からアセチル基を切断して、
その酵素活性を変えて作用する酵素なのです。
　また、ほ乳類で 7 種あるサーチュインは、それぞれ細胞内の局在と
作用するタンパク質が違っています。Sirt2 は細胞質にあり、ミトコン
ドリアには 3 種（Sirt3、4、5）、核には 3 種（Sirt1、6、7）があります
（覚えなくても大丈夫です）。
　それにしてもその細胞内の分布はかなり特徴的で、ミトコンドリアは
エネルギー代謝の中心で、核は遺伝子発現の場で、生命は両者のコンビ
ネーションで営まれています。ですから、サーチュインは、生命の基本
的な機能を調節、維持しているものと思われます。
　しかし、サーチュイン間の構造の違いは小さく、細胞内の局在部位が
移動するものもあり、各サーチュインの機能の解析は盛んに行われてい
ますが、まだ確実に分かったとは言えないようです。
　ここでは、その中でも研究が進んでいる、核内サーチュインの Sirt1
（サートワン）を中心とするリボソーム RNA の合成に関係する機能と、
Sirt3 などのミトコンドリアのサーチュインの作用を中心にその機能を
みていくことにしましょう。

　まず、動物の核小体に局在する Sirt1 は寿命のコントロールに関係し、

酵母の Sir2 に該当するものと考えられます。主な機能としては、ヒストンという DNA と結合するタンパク質を脱アセチル化して、リボソーム RNA の合成が順調に行われるように作用します。

　なお、リボソームと言うのは複数の RNA とタンパク質からなり大きな顆粒で、細胞質でのタンパク合成の場をつくっています。ですから、非常に重要な大きな粒子ですから、リボソーム RNA 合成は生命維持に非常に大切なものです。

　リボソームが増えれば、それだけタンパク合成が盛んに行われ細胞を活性化できます。ですから、成長期などでは、このサーチュインの機能は非常に重要なものになります。

　実際に、この Sirt1 遺伝子を増やして活性化すると、リボソーム RNA 合成が促進され、細胞の成長を促進することになり、長寿遺伝子とみられたわけです。

　ところが、成長のよくなった細胞でも老化は進んでくるのです。すると、老化の進行とともに蛋白の合成量は低下してきますから、Sirt1 によるリボソームの増加は細胞にとっては無駄なことで、かえって負担になってきます。

　そのため細胞機能は低下し、老化をむしろ進めることになります。ですから、サーチュインが「長寿遺伝子」だと確信することは難しくなってきたのです。

　また、ミトコンドリアにあるサーチュインの機能についてですが、酵素が複数存在することもあり、まだその機能や作用機構などについては明確には分かっていません。

　また、個々のサーチュインについてではなく、サーチュイン酵素群がまとまって概日リズム形成にどのように機能しているのかということについて、培養細胞をつかった研究が行われています。

　その研究ではマウスの培養細胞をつかっていますが、一度、飢餓状態にして細胞分裂を静止させた細胞に血清を加えて概日リズムがいっせいに始まるようにしています。

　すると、サーチュインの活性は約 12 時間後から上がり始め 20 〜 24 時間の間に最高になり、24 時間後に細胞分裂が始まります。

　この培養細胞のリズムをヒトの概日リズムにあわせると、血清を与えるのが朝の食事にあたり、エネルギー貯蔵期（同化期）の開始になります。そして、その 12 時間後（夕方）にエネルギー消費期（異化期）に移行します。

　ですから、サーチュインの活性が上がり始めるのは夕食後の異化期に入ってからということになります。異化期では遺伝子発現やリボソーム合成が活発化してタンパク合成の活性化がおこりますから、エネルギー消費が高まることになります。

　結局、サーチュインは長寿遺伝子というより、細胞の概日リズムなどのエネルギー代謝リズムが順調に行われるように調整するタンパク質群である、と考えた方が良いのです。

第4章 素粒子と量子について

◎素粒子とは

　これまでに、主に高等生物の臓器組織の機能とエネルギー代謝の相互関係についてお話ししましたが、私としてはエネルギー代謝系が細胞機能の調節にいかに重要な役割をしているかを強調してきたつもりです。

　しかし、読まれた方の多くは、そうは言っても「やっぱり身体の各臓器の機能に合わせてエネルギー代謝が調節されているのだ」と理解されている人が多いのではないでしょうか。

　確かに、どの書籍でも、どの教科書でも、生命の中心にあるのはDNAの遺伝子群でそこからタンパク質などが発現されて身体を造り、それに合わせてエネルギー代謝系でエネルギーを作らせ、いろいろな機能をしていると書いてあります。

　そして、生命の起源についても、遺伝子の突然変異の組み合わせで色々なタンパク質が生まれ、生物の進化を助けているばかりではなく、生命誕生にも関係していると考えられています。

　しかし、さすがに現在では、生命誕生までそのようにシンプルに考えている科学者はいなくなったと思います。たとえ原始的な遺伝子の素材があったとしても、突然変異だけで生命を作り出そうとしても、それに逆行するような変異の方が圧倒的に多く起こってしまいます。その結果、その失敗作の遺伝子の糟（かす）が宇宙いっぱいにあふれ、生命の誕生どころではないだろうと考えられています。

　だとすると、何がどういう方法で生命の誕生や進化に関わったというのでしょうか。それにはまず、宇宙で生命を支えている最も基本的な物

質になりうるものは何か、から考え始めるしかありません。

　すると、エネルギー代謝でのエネルギーや、身体を構成するたんぱく質などの物質の基本である「素粒子」の存在に注目することになります。

　現在分かっている素粒子の数は、標準理論では17種あり、それらは大きく4グループに分けられています（表1）。

表1　素粒子（現在認められているもの）

○ 物質を作る素粒子（原子形成に使われ、さらに分子、物質を形成）

	第1世代	第2世代	第3世代
クォーク （陽子、中性子 などを形成）	アップ	チャーム	トップ
	ダウン	ストレンジ	ボトム
レプトン （電子が中心）	電子 ニュートリノ	ミュー ニュートリノ	タウ ニュートリノ
	電子	ミューオン	タウ

○ 力の素粒子（「四つの力」のうち重力の素粒子についてはまだ不明）

ボソン	光子	Zボソン	Wボソン	グルーオン
	（電磁力）	（弱い力）	（弱い力）	（強い力）

○ 質量を与える素粒子（空間に満ちて物質に重さを与える）

ヒッグス粒子

　そのうち、この宇宙でのあらゆる物質の構成に関係する素粒子は「クォーク」と「レプトン」のグループで合計12個あります。各グループとも世代という名で分けられる3種の兄弟素粒子からなりますが、それらは質量が異なりますがその他の物理的性質は同じだということです。これらのうち、物質の構成成分になるのは第1世代のもので、質量は最

も小さいものです。

　そのうちでも我々の身体を作っている水素や炭素など多くの原子の原子核の素材になっているのは、「クオーク」のなかのトップクオークとダウンクオークと呼ばれる素粒子です。両者は電荷が異なり、前者がプラス（＋2/3）、後者がマイナス（－1/3）になります。

　ですから、原子核は陽子と中性子の結合体になりますが、陽子はアップクオーク２個（2×2/3）とダウンクオーク１個（－1/3）からなり、全体としてプラス（＋1）の電荷をもち、中性子はその逆の比率で結合していますから、電荷がなくなり中性になります。

　次に、原子核の周りにある電子は「レプトン」に属する素粒子でクオークに比べると質量はずっと小さいのですが、電荷はマイナス１あり、後でお話しするように、フリーでは波動状で高エネルギーであったのが、多く集まると次第に顆粒状に変わって安定化してきます。ですから、フリーのものほど動的で反応性が高いのです。

　また、最初の章でお話ししましたが、原子核を周回する電子には軌道があり、一番内側は２個、２周目からは８個ずつ回るようになっていて、その並びの個数からも原子の反応性が変わり、電子の個数が少なく、フリーの電子があるほど反応性は強くなります。

　また、各原子は基本的にはその原子番号と同じ数の陽子と電子をもっていて、原子の電荷は中性になっています。そして、分子によって違いますが、一般に原子番号の小さいものほど活性が高く、大きいものほど質量が大きく安定なものになります。

　また、前にもお話しいたしましたが、エネルギー代謝で重要な働きをする水素原子は原子番号１で電子は１個ですが、原子核は例外的に中性子を持っておらず、陽子１個のみで「プロトン」と呼ばれることもあります。そのため水素原子は電子が原子核から乖離しやすく、反応性が高くなっています。

◎宇宙における「力」

　17 種の素粒子（表 1）のなかで、クオーク、レプトンの次の三番目の
グループである「ボソン」は光子など 4 種が知られています。これらは
この宇宙でのいろいろな「力」として機能するものです。

　力というと、我々はいろいろなものを想像しますが、原子物理学的に
は 4 種類しかありません。それらは「強い力」、「弱い力」、「電磁気力」
それに「重力」です。

　そのうち、前二つの力は今お話しした原子の形成に働いているもので、
「強い力」は原子核の中性子や陽子をまとめている力で、その働きをす
る素粒子には名前は付いていますが、まだ同定されていません。

　そして「弱い力」は原子核と周回する電子の間に働く力で、反応は複
雑です。よく例に出されるのは放射線のベータ崩壊での働きで、その時
は原子核の中性子が外からの刺激で陽子に変わります。そのときに出さ
れる力で原子核から電子が放出されるのです。

　これらの二つの力は、どちらも力の及ぶ範囲が原子内で小さく、我々
には感じられないものです。

　また 3 番目の「重力」は、質量にと比例して出てくるもので、重さを
感じさせるものですが、その本体となる素粒子は力が弱いせいか、まだ
見つかっていません。

　最後の「電磁気力」は我々の生命にも生活にも重要なもので、その力
を伝える素粒子が「光子」になります。電磁気力というと漠然としてし
まいますが、電力、磁力、熱力、光力などをふくみ、これらは地球上で
のエネルギーとして重要なものです。

　また、光子は純粋な「エネルギーの波」で、粒子状に変わって質量を

持つことはありません。周波数の少ない方から、電波、赤外線、可視光線、紫外線、X線、ガンマ線の順になり、周波数が高いものほどエネルギーも高くなります。

　光子の発生源は、我々の周りにも発電や発光などの物理化学的現象や発生装置がありますが、なんと言っても大きいのは太陽の核融合反応から生じてくる太陽光線になります。

　なお、光子の機能の仕方などについては、後で説明することになります。

　最後に、17種の素粒子の残りの1種「ヒッグス粒子」についてはまだはっきりとはしないのですが、この宇宙の秩序を整える役割をしていると見られているものです。

　この宇宙が生まれた時は超高温で素粒子が全て高速で乱れ飛ぶような無秩序の状態でした。それが時間の経過とともに次第に低温になってくると（とはいっても4000兆度以下）、この素粒子（ヒッグス粒子）は相転換して凍りつき、各量子の動きが抑えられて、物質と電磁気力などが区別できるようになり、秩序が生まれてきたといわれています。

　ただし、この秩序形成に関係する素粒子としては電子の仲間であるニュートリノを想定する学者も多く、実際のところはどちらも確実とは言えないようです。また、最近は超ひも理論などが提唱されていて、まだはっきりしない研究分野になります。

◎宇宙での天体群の誕生（ビッグバン）

　これらの素粒子は、まさに生物がこの地球に生まれ生活できるために必要な構造や力（エネルギー）をもたらしてくれるものばかりです。それでは、我々が今見ている宇宙、つまり地球を含む「天体群」（恒星、

惑星、流星などの宇宙空間にある物体）は、これらの素粒子がどのようにして集まって造られたのでしょうか。

　生活に疲れた時などに夜空を見上げると、宇宙は永遠に安定し我々を守っているように見える時もあります。実際、天文学者の中でも宇宙は安定したものと思われていましたから、前は宇宙の誕生に関しての論争はほとんどなかったのです。

　しかし、数十年前に、これからお話しする「ビッグバン宇宙論」が注目されるようになり、それまでの考えは「定常宇宙論」として問題にされなくなりました。

　ビッグバン宇宙論というのは、ご存知と思いますが、今見える宇宙の天体群は真空から「ビッグバン」で爆発的に生まれてきたものとする理論です。

　その根拠となったのは、ビッグバンで宇宙が生まれる時に発せられた強烈な光のエネルギー（光子）が、宇宙の拡張に伴い波長が伸びて、周波数の低い電波として今でも受信されるのです。

　つまり、宇宙は今もなお拡張していることが、ロシアから米国に渡ったジョージ・ガモフらを中心として、多数の天文学者の研究から分かってきたのです。

　その宇宙論によると、ビッグバンが起きたのは約137億年前で、この宇宙のタネが大きなエネルギーをもち、光と熱に満ちた固まりとして爆発的に生まれてきたのです。生まれた時は素粒子よりも小さいものでしたが、瞬間的にインフレーションでふくれて一度落ち着き、その後にビッグバンで次第に大きくなっていったと考えられています。

　そして、3ミリ程度になったとき（時間としては誕生後1兆分の1秒以内）、その中から粒子、反粒子が対になって生成し（対生成）、すぐに対消滅して真空にもどるという現象が爆発的におきてきたと言われてい

ます。

　これらの真空中の粒子・反粒子はエネルギーの高い素粒子で、なにか
のエネルギー的刺激があった時に発生し、その後、何も変化がなければ
再結合して「対消滅」すると言われています。
　ところが、ビッグバンのときは、２億回に１回という極めて低い確率
ですが、粒子と反粒子の対称性がくずれて対消滅できなくなります。こ
れは、「CP対称性の破れ」と呼ばれ、ノーベル賞を受けた小林－益川
理論で説明されています。
　つまり、この対称性の破れで、反粒子も粒子としてこの宇宙に残るこ
とになり、この宇宙の形成に加わることになると考えられているのです。
　しかし、ビッグバンでの「CP対称性の破れ」が２億回に１回などと
聞くと、偶然に起こる現象かと思われますが、そうではありません。も
しこの確率が２倍、あるいは半分くらいになると出来た宇宙は歪んだも
のになり、生物が誕生することはできなかったと見られています。

　それでは、真空地帯にある素粒子がどうしてこの宇宙の物質形成に関
わるようになるのかというと、素粒子のエネルギーの一部が質量（重
さ）に変ることによるのです。そのような状態になった素粒子は「量
子」と呼ばれます。
　質量を持った量子は互いに結合しあい物質形成できるようになります。
真空中にはまだ素性の分からない量子も多く存在するようで、その真空
地帯は「量子真空」と呼ばれています。そういうと量子真空は素粒子真
空と分離しているのかと疑ってしまいますが、どうもそういうことでは
ないようです。
　なお、エネルギーと質量に互換性があることは、アインシュタインの
式 $E=mc^2$（E はエネルギー量、m は質量、c は光速）で表されています。

　このように、この宇宙はある特異点でビッグバンによって生まれたと言われても、このとてつもなく大きくて重い宇宙が、ある瞬間に真空の一点から生まれてくるなど考えられないことです。しかし、それには真空地帯の素粒子群が虚数で動いていることが関係しているらしいのです。

　では虚数とは何かということになりますが、我々がいつも使っている数は実数で、プラスでもマイナスの数字でも二乗すればプラスになるものです。ところが、虚数は二乗するとマイナスになる数字なのです。数式の上では実数にルートマイナス1（$\sqrt{-1}$）、記号では i が付けられている数字です。

　例えば、「足して10になり、掛けると40になる二つの数字は何か」という問題は普通解けませんが、複素数を使うと答えが出るのです。その答は $5+15i$（$5+\sqrt{-15}$）と $5-15i$（$5-\sqrt{-15}$）なのですが、これらの数字を実感することはできません。

　虚数は、実数のように数の大小を表すものではないのです。我々には想像上のものですが、真空地帯に存在する素粒子群はこの虚数を含む複素数で機能していて、我々には想像できないような働きをしているのです。

　ですから、量子真空内でどのようなことが起きているかは我々には全くと言っていいほど分かりません。地球上での実験で、素粒子の基本的な動きを観測しようとしても、あまり不可解な結果に驚かされるのです。

　例えば、科学者が光子の波を観測しようとしても、そう思ったとたん、その波は粒子に変わってしまうのです。ですから、観測者は量子を波として観測することができません。これは「観測問題」と言われ、量子は我々の考え、心のうちを見抜く力があるようなのです。

　また、粒子になった量子の位置と運動量（質量に速度をかけたもの）

とを同時に正確に測定することもできません。その位置を確定すると、運動量が変わってしまい確定できなくなります。この現象は「量子の不確定性原理」と呼ばれています。

　ビッグバンについても、その原理について「CP 対称性の破れ」など原理的な研究はされていますが、実際にどのように反応が進んでこの宇宙を形成してきたのかは全く分かっていません。

　ただ、かの著名な宇宙物理学者ホーキング博士らは、ビッグバンで生まれた宇宙のタネは真空での「虚数時間」のなかで育ち、この実数時間の宇宙へ放出されたと推論しておられます。

　虚数時間の中では力の向きが逆転するので、物質やエネルギーは大きくなるほど小さな空間に溜め込むことが出来ると考えられるのです。どのように溜め込むのかが一番知りたいところですが、それは全く分かりません。

　また、我々が普通「宇宙」という時は、太陽系のような銀河系の集まりを考えてしまい、その空間を埋めている真空地帯については無視するか、宇宙の付属的な部分と考えてしまいます。ところが、この真空から宇宙が生まれてきたと考えると、真空地帯を軽視する事は全くできません。

　ですからここからは、真空地帯にもその機能を果たす物質や機能があるはずだと考えて行くことにしましょう。そうすれば、生命がいかにして生まれてきたかについても理解しやすいはずです。

◎電子と光子の役割

　それでは、宇宙の天体群がビッグバンで生まれたとして、それでは、真空中の素粒子や量子がどのように反応し合って出来てきたのでしょう。

　天体はいろいろな物質からできていますが、それらはすべて原子や分子と呼ばれる化合物が反応し合ってできたものです。では、それらはどのような素粒子からどのように作られたものでしょうか。

　この宇宙でおこる化学反応はいろいろありますが、恒星では核融合や核分裂などの原子核同士の非常にエネルギーの高い化学反応が中心になります。一方、地球上でもこれらの反応は起こらないわけではありませんが、非常に稀な反応になります。

　地球などの惑星では、ほとんどすべての反応が電子の転移反応、つまり酸化還元反応が中心になって行われています。ですから、すべての原子では反応性の高い電子が存在して機能しているのです。

　電子は原子や分子などばかりでなく、大きな化合物でも重要な役割をしていますが、働きすぎた電子の力が衰えて、機能が低下してくることがあります。そのような時、エネルギーを供給する働きをするのが太陽光などに含まれる「光子」になります。

　光子は電磁波と呼ばれる純粋な波エネルギーで粒子化することはありません。光子一個あたりのエネルギー（E）は $E = h\nu$（h はプランク定数、ν は周波数）で表されます。ですから、周波数 ν が高いものほどエネルギーは高くなり、機能的にも向上し、前節で述べたように電波からガンマ線まで呼び名も変わってきます。

　このように、電子は光子からエネルギーを得て活性化されますが、両者には相関性があり、電子は衰えてくると少しずつエネルギーを光子として切り離しながら消滅してゆきます。

　また、これは次にまたお話しすることになりますが、地球上の生物では、植物が太陽光を浴びて葉緑体の電子伝達系で電子を活性化して ATP エネルギーを産生し、糖類や他の栄養素を合成します。我々動物はそうして作られた栄養素を食べてエネルギーを得ていることになります。

◎我々と量子真空との交流

　それでは、ビッグバンで生まれた天体や生物は、誕生後は量子真空のエネルギーと関係することは全くなくなるのでしょうか。あるいは、今でも我々の周囲にも存在するのでしょうか。

　我々は通常、空気に取り囲まれていますから、量子や素粒子に接することはないと考えてしまいますが、そうなのでしょうか。それについては、私が読んだ限りの専門書でもはっきりとは書いてなく、専門家でもまだはっきりとは言えないことのようです。

　そこで、素人を良いことに言わせていただきますと、私には宇宙の天体や生物は量子真空中にあるとも言えるのではないかと思います。それは、量子などの成分は非常に小さく、密度が非常に高く、総エネルギー量は極めて多いことからです。

　一説では、この宇宙の全天体の物質エネルギーの総量は、量子真空の１ミリリットル（1cm^3）中のエネルギー量に相当する量にしかならないと言われています。

　ですから、我々は量子真空に囲まれた大柄で脆弱な建造物のようなもので、体の中にも量子真空の成分が入り込んでいるのは確実のように思われます。あるいは、我々は地球共々、量子真空の中に住んでいると言えるように、私には思われます。

　しかし、そうは言っても、我々は量子などの存在を感じることはできません。量子真空には巨大なエネルギーが存在しますがそれは虚数（複素数）でコントロールされているもので、実数世界の我々にはそれを観測することや利用することはできません。ですから、量子真空の存在を証明することはできないのです。

　しかし、我々の住む実数宇宙にある光子や電子のような素粒子や量子は、量子真空から生まれてきたものですから、エネルギー的には共通で、いまでも何らかの反応をし合っているのではないかと考えられます。我々の生活中に、なにか「気」のような、エネルギーを感じさせるものがあることは確かだと思いますが、どうでしょうか。

　これは誰にも経験のあることだと思いますが、ある人を初めて見たときでも、時にはにらみ返されることもありますが、なにか共通の思いがあるように感じて高揚し、また、相手も同じように意識したと感じることはないでしょうか。

　実際に私の経験の中に、大したことではないのですが忘れられない思い出があります。まだ若い頃、十字路で停車したバスの窓から 10 メートルほど離れたところにいた女性（知的で包容力があるように見えた）に気を取られたことがあったのです。彼女はまだ歩道にいたのですが、私に応えるようにこちらを見て微笑んでくれたのです。

　また、我々夫婦も大学のあるところで初めて出くわしたのですが、数秒くらい何も言わずに見合っていたようなことがあったのです。その時この人が自分の連れ合いになるのかと、どちらも思ったというのです。しかし、それがお互いに話して分かったのは結婚後 30 年以上経った頃で、あまりあてになる話ではないかもしれません。

　それはともかく、われわれのこころは大脳皮質の神経の興奮から生まれてくると言われていますが、その時は神経にそってかなりの電気、つまり電子が流れることになります。その電子の流れは磁場を生じますから、その磁場エネルギーが量子化し脳の内外に放出されるはずです。

　つまり、我々のやる気などは、話し相手などの体外からの情報をうけてある種のエネルギーとして出てくることがあるように考えられます。話の内容によっては大脳皮質のこころ回路が刺激され、頭がさえて熱く

なったり、共感して心臓の高鳴りのような全身的な興奮状態になったりするようです。

　脳などの電磁波は脳波や心電図として観察されます。脳波のエネルギーは非常に低く、量的にも少ないものですが、量子が放射されていることは間違いありません。

　それは量子真空を通して行われると思われますが、その状況を具体的に説明する事はもちろんできません。しかし、そういうことは現実にはよく経験されることではないでしょうか。よく「脳は空気を読む」と言われます。

　これに関して、一般的にかなり良く知られていることでは、武道（合気道）の師範が弟子をかなり離れた位置から気合だけで倒すという「遠当（とおあて）」と呼ばれている技があります。弟子の方はまるで組み合った相手に投げられたように、もんどりうって身体を地面に打ち付けてしまいます。

　しかし、このような技は誰にでもかけられるというものではないようです。ある武術家と称する人がタレントを相手に遠当の実演するというテレビ番組を見たことがありますが、気合をかけられたタレントは体がゆれたり、前のめりになったりする人はいましたが、もんどりうって倒れる人はいませんでした。

　また、気功師のような人が、タレントたちに催眠術をかけるというテレビ番組も見ましたが、多くの人にはかかるのですが全くかからない人もいます。

　つまり、気合を受ける人にその経験や記憶がないとうまく気合を受け取ることができず、うまくかからないのです。それは、気合を掛けられる人の脳波をみると、それに対する反応がないので確認できるということです。

　ですから、気による反応も脳内の記憶の中に、かけられた気合の意味を理解できるものがなければ反応できないということのようです。これは、外界から受容体を介して入ってくる視覚、聴覚の情報に対する大脳の反応様式に似ているものです。

　ですから、脳の外界からの情報に対する反応には、その強さに応じて3段階あるように考えられます。
　一つは聴覚、視覚などの受容体を通して入ってきた外部情報に反応して、こころ回路が活動する軽い反応。
　2番目は少し強い情報に対してこころ回路を介してなんらかの身体行動として反応するという、普通に見られる反応。
　3番目はこのこころ回路のつよい神経伝達に伴う量子の放射によってその受け手の神経回路に量子真空を通じて量子エネルギーが情報として伝わる反応です。
　しかし、これらの回路は独立しているわけではなく、段階的なもので、神経系、内分泌系、血管系などの全身的な統合システムが関与し互いに連絡し合っていると考えられます。
　そして、次の問題は神経回路から発せられる量子エネルギーがどのように反応して、まとまった記憶、意識、あるいは「魂」と言えるような精神状態が生まれることになるのでしょうか。これらが全て神経回路同士で行っているとは、ちょっと考えられませんし、そういう研究報告も見たことはありません。

　それでは、「生命は宇宙と一体のものである」という考えがありますが、それが本当なら、今までの話は本当かと思われます。それはどういうことなのでしょうか。

第5章　生命と宇宙の一体性

◎生命と宇宙の一体性とは

　生命と宇宙の一体性（一貫性）と言っても、現実にはちょっと考えられないことですが、ここ百年ほどの間にそう考える科学者が多くなってきたのです。

　その初期の頃の科学者の中でも有名なのがルドルフ・シュタイナーです。20世紀初めに活躍した科学的哲学者で、その頃は神智学者と呼ばれていました。現在でも多くの著書が発行されています。

　彼は、人体には血液循環、呼吸、筋肉運動などにリズムが見られますが、地球ばかりでなく月や太陽などの宇宙の構造や機能の中にも、同じようにリズムが見られることに注目しました。そして、これらのリズムの関連性についていろいろな観点から論じています。

　その後、生命と宇宙に関する解析が進み、これら人体や宇宙の構造物は本質的には一体のもので、太陽から地球、生物というふうに創造され、関連しながら機能しているのではないかと推論されるようになってきました。

　特に、宇宙に量子真空が存在することが明らかになり、それを中心とした宇宙の一体性が注目されるようになってきました。そういう科学者の中でもことに有名なのが、物理学者で哲学者としても知られるアーヴィン・ラズロおよびそのグループです。その著書はたくさんあるようですが、代表的なものは巻末の参考文献にあげてあります。

　ことに『生ける宇宙』では宇宙と生物の一体性について分かりやすくまとめてあり、12名の思想家、科学者が参加して意見をのべています。

そこでは素粒子や量子、つまり量子真空を自然の最も基本的な要素とみなし、それを介して意識と物質、つまり生命が進化していると結論されています。しかし、どの素粒子あるいは量子がどのように働いているかまでは語られていません。

　また、参加した12名の科学者の中には、医師（精神科医）が一人入っていますが、基礎的な生物科学をやっているような人は入っていません。生物学者にとって、生物の中心は遺伝子と考えられていますから、素粒子などに関心の持ちようがありません。その考えは今でも変わっていないように思われます。

　このように、特に生物学者でなくとも、宇宙の量子真空について知ってくると、生命と宇宙の間に一体性があるのではないかと考えられるのです。

　つまり、量子真空の量子が電子などを介して生命を駆動するような状態があるばかりでなく、逆に、生体内で機能する電子（量子）が体外の量子宇宙に働いて、相互反応をしている状態が考えられるのです。

　しかし、誤解のないように申しますと、生物と宇宙の一体性といっても、両者は同等に相互作用しているのではないということです。主力は当然宇宙にあり、生物の宇宙に対して働く力は弱く、大きく宇宙に依存している関係なのです。

　前節では脳内神経組織と量子真空との間にそのような関係性がある可能性が示されましたので、そのことから考えていくことにしましょう。

　すでにお話ししましたように、我々の脳内で記憶を固定するとき、最終的に大脳皮質（DMN）の神経末端から電子エネルギーが振動として出されます。しかし、それでどうして具体的な記憶が形成され、保持されるのでしょうか。その機構についてはまだ全く分かっていません。で

すが、その可能性を考えていくと、神経組織にも量子真空が関係しているのではないかと考えられてくるのです。

　脳内にはそんな量子真空がある程度でもまとまって入り込めるような、空間があるのかと疑われる方もいらっしゃるかと思いますが、前述のとおり、量子真空は極めて微細な素量子が極めて高密度に存在しています。そのため神経組織が高層ビルだとすると量子真空はその中に存在する空気のような関係になりますから、脳内にとどまって十分に働けるはずなのです。

　量子真空が神経細胞から受け取ったエネルギー振動をどのような形で具体的な記憶にして保持しているのかは、虚数を含む複素数で機能している真空のことですからその実態は我々には分かりません。しかし、可能性は十分あると考えられ、実際に、脳科学者の中には「宇宙は我々の記憶や心で満ち満ちている」と考えている人も多いということです。

　実際に、脳内に極めて具体的な記憶が保持されていると考えられる現象は、学術的にもいろいろ報告されています。

　そのような現象の一つに、発育期の子供に見られる「生まれ変わり現象」があります。子供の中には、自分には前世があり、違った名前でいろいろな経験をしたことを実話のように話すことがあるのです。ある調査では約20％もの子供に、多少ともそのような傾向のある発言が認められたということです。

　そして、もし前世での生まれた場所や名前などが記憶されていれば、実際に亡くなったその人を同定することができるのです。ですから、それは子供の作り話ではなく、脳内の記憶機構の中にあるものなのです。

　しかし、生まれ変わりの子供のもつこれらの記憶は成長するにしたがってすっかり消えてしまい、両親を戸惑わせることになるということです。ですから、その記憶は成長期の大脳皮質に一時的に宿った情報の

ようなのです。

　つまり、先に亡くなった子供の記憶を保持した何らかの無形の物質が宇宙に放たれ、それが一時的に成長期の子供の脳に宿ったと考えられます。そして、その無形の物質こそ脳内の量子真空の存在を示唆していると考えられるのです。

　このように、脳内の量子真空がもつ情報エネルギーが周囲の量子真空に広がる可能性があると考えると、同じような宗教的な考えや生活習慣が一定の地域内に自然に広がるのが説明できると言われています。

◎臨死体験とは

　また、ある個人の持つ脳内量子真空が、特別な状況下でその人の脳神経系に働く場合もあると考えられる現象もあります。

　例えば、事故や病気で死にそうになり、気を失った時に自分の肉体から離れた別の自分が、寝ている自分を観察したり、懐かしい人と会ったりする経験をすることが知られ、「臨死体験」と呼ばれています。そして、同じようなことは老衰で死に際にある人にも見られ、単なる夢と間違われることもあります。

　臨死体験にもいろいろあるようですが、主なものは「幽体離脱」あるいは「体外離脱」と呼ばれています。この両者の違いについては、物理的あるいは生物学的に区別しようとする試みもあるようですが、まだ区別して用いられるほどはっきりしていません。

　これら臨死体験や幽体離脱に共通によく見られる体験には二つほどあるようです。一つは、先ず暗いトンネルのような道に入り、そこを歩いていくと急に明るいところに出て、そこで美しい光景や過去の楽しい記憶などが蘇ってくるというものです。

もう一つは、意識を失った肉体から、意識を持った自分が離れ、部屋の天井などから、自分の様子や関わっている医師などの行動を観察し、蘇生するとその記憶を本人が語ることができるというものです。

　実は、私の父の病気が重篤になっていつ死ぬかという時に、私に夜に見た夢の話を始めようとしたことがありました。その時、私には臨死体験などの知識は全くありませんでしたから、ただの夢の話と思い、落ち着くように言って、話を聞き出すようなことはしませんでした。

　しかし、後になって、その時の父がいつになく嬉しそうな明るい顔をして話しかけてきたことを思い出し、ちゃんと聞いてやればよかったと大いに後悔しました。きっと、綺麗な風景や懐かしかった人に会ったのかと思い、その中には、私が5歳の時に亡くなった母もいたはずだ、などと妄想しています。

　確かにこれらの例を見ると、臨死体験などで脳内量子真空を活性化して、脳内の神経系に作用している可能性が考えられます。現在、臨死体験が医学生物学的な科学研究の対象として注目され始めています。

　その中には、ニューヨーク市立大学病院で蘇生医療に関係しているサム・パーニア博士による心停止した患者に蘇生治療を行い、生き返った多くの例についての報告があります。

　彼の報告では、臨死体験で心停止後の脳波は低迷し脳神経が正常な反応を停止したことは確かですが、蘇生した患者さんの意識は生前のように回復してきているということです。

　このことから、心停止後も神経自体はしばらく生きていますが、さらに蘇生医療の進歩により死後最長3時間くらいは蘇生可能状態に保てるようになってきたということです。

　また、その蘇生した患者さんの約10％に明らかな臨死体験が認められ、そうでない人でも心停止中の経験をある程度記憶しており、ある程

度の意識を持っていたようだということです。

　そのため、彼は、意識は脳神経だけで行われている機能ではなく、それと共同作用するような何かのメカニズムがあって、それで保持されているのではないかと考えるようになったと報告しています。そのメカニズムが脳内量子真空である可能性が十分考えられるわけです。

　また、心停止後の脳波については、ネズミの動物実験で詳しく報告されています。その実験では、ネズミに麻酔をかけて脳波を調べていたところ、急に心臓が止まり死んでしまった例での脳波の変化が報告されています。

　それによると、心臓停止で脳への酸素供給が停止したのに、脳波は消えなかったのです。死後の脳波は、波高は低くなったのですが、非常に周波数の高い力強さを示すものになって続いていたのです。

　つまり、死んでも脳波は止まるわけではなく、何か強いエネルギー変化をする電磁波として出ていることが示されたのです。このことから、死後も脳内では量子エネルギーの振動が続いている可能性があると考えられます。

　これだけの結果からあまり確かなことは言えませんが、臨死体験や幽体離脱での現象は、死ぬことにより実数世界の肉体から離れて、虚数（複素数）世界の量子真空へ移動することが考えられます。

　つまり、死んでもすぐに体内のすべての機能が停止するのではなく、そのあとにも量子レベルの活動が続き、それが「あの世」に向かう前の準備現象とも考えられます。それでは、あの世は本当にあるのでしょうか。

◎死後における宇宙との一体性

　「あの世」と言ってしまうと、何かこの世からは隔離された別世界のようで、これまでお話ししてきたことが全く通用しない別世界のような気がして、私は違和感を覚えてしまいます。

　これまで書いてきたように、我々生物が生きているのはエネルギー代謝が基本で、主として電子エネルギーの働きによって体内の各臓器の機能が行われるのではないかと考えられます。

　そして、そのエネルギーとなる電子の出どころは量子真空であることが分かり、脳のこころ回路の神経細胞からの電子エネルギーの波動がこころの源（知識、感情、意志）にもなるらしいことが分かってきました。

　そして、その電子エネルギーの波動がどのように形成され、保存されるかには脳内の量子真空が関係していると考えられました。つまり、我々の生命が生まれた地球を産んでくれた宇宙が量子真空です。その量子真空で我々のこころの中核になる魂が形成され、死後に頭から離れて真空に預けられるようになっているとも考えられるのです。

　つまり、死んでこの世を去る時は、実数世界の肉体がその機能を停止したのですが、脳内の量子真空に形成された記憶は魂とも言えるものになり、宇宙の量子真空に帰っていくことになると考えられます。つまり、魂はあの世ではなく、我々が生まれ育った地球の故郷（ふるさと）に帰っていくと考えられます。

　ただ、記録されている臨死体験した人の証言を読むと、死後の自分の姿は魂というような形のないものではなく、はっきり人の形として見えているようです。ですから、体内の量子真空の機能は何も脳だけに限ったものではなく、全身で行われているのではないかと考えられます。

　それは脳以外でもエネルギー代謝が活発に行われていることからも予想されますし、エネルギー代謝が臓器組織の機能と密着しているのは量子真空の関与があるからではないでしょうか。

　つまり、肉体の臓器組織もエネルギー代謝系と共に量子真空のエネルギーで形成されているものではないでしょうか。その巧みさはとてもDNA の突然変異や調節機能では無理であることは断言できます。

　また、臨死体験や幽体離脱の経験者の話の中で共通なのは、その死後の世界は明るく、開放的であることです。ですから、それらの人はすべて、死ぬことに対する恐怖感はなくなっているのです。

　それは、量子真空の世界には、この社会に溢れる銀行、役所、会社などの建物などもなく、お金や食べ物などの心配もありません。この実数社会で一番大切なことは経済活動で生きるためのお金を稼ぐことです。一方、量子真空の虚数世界ではその心配がなく、そこには明るい開放的な世界が広がっているのです。

　そして、そこにあるのは自然な自分自身、あるがままの自分自身なのです。仏教でも人は死んだあと、あるがままの自分に帰るといわれ「自然（じねん）」と呼ばれています。

◎量子真空と東洋思想

　これまでにお話ししましたように、我々の住んでいる地球などの天体はビッグバンによって量子真空から生まれ、我々はその中にうずくまるように生命活動を営んでいます。

　我々の身体の中では、量子真空からもたらされる電子などの素粒子や量子が、エネルギー代謝を始めとする種々の代謝系につよく関与してい

るはずですし、我々の体内からも量子真空へ何かしらの信号を送って、反応しあっているとも考えられます。

　ですから、今でもなお我々はその虚数（複素数）世界の影響力の下にある、というよりは、意識できないだけで、量子真空の支配の元にあるのかもしれません。このように我々の住む世界には理解できないことが沢山あるはずなのです。

　こんなことを言っても馬鹿にされそうですが、実は、そのような考えは、虚数や真空というような知識のない３〜５千年前に生まれた道教、儒教、仏教などの東洋思想の中にいわれているのです。

　左の図は、道教で示される太極図と言われるもので円の中に、黒と白の二つの魚の形が書き表されています。

　この世の中には、１日の昼〜夜のように、明（陽）と暗が繰り返される現象がたくさんあります。しかし、両者はまったく切り離された対局性のものではなく、徐々に溶け込んでいく形で入れ替わってリズムを作っているのです。

　ですから、今は完全に陽のリズムにあると思っても、どこかに暗のリズムの特性が伴っているのです。そして、両者の強弱はどこかで入れ替わるのですが、陽暗（明暗）とも同じ空間で強弱はあっても一つに混じり合って、我々には自然なリズム変化として感じられるのです。

　同じような話は、仏教の教えの中にもあります。例えば、般若心経の中に出てくる言葉「色即是空　空即是色」です。ここでは、「色」が眼に見える実生活世界、「空」が眼に見えない仏教世界をさしていると考えられますが、両者をはっきり区別しながら行動するのではなく、常に共存するものと理解して生活するようにと教えているのです。

　これらの東洋思想は 3 千年以上も前に出来たものですが、その頃の人たちは自然の偉大さや複雑さに対する畏敬の念が強く、世界中の人たちが同じような考えをもっていたものと思われます。

　ところが近年になって、人類は言語を発達させ、お金を作り出して社会生活を進化させ、生物界での特権階級として君臨してきました。そして、最近では科学を発達させて、やがては宇宙の全てが解き明かされる、という意識が広がってきました。

　その結果、太極図に示されてるようなことは非科学的で現実的ではないと考えられるようになり、全くと言っていいほど注目されなくなってきました。

　しかし最近になって、量子物理学の最先端で活躍した学者たちが、このような東洋思想を認め、傾倒するようになってきました。それは彼らの考えた地球や宇宙の未来についての方程式の中に、必ずと言っていいほど複素数が現れてくるのです。そうなるとその先は複素数世界ですから研究を進めることができなくなります。

　波動方程式を考えたシュレーディンガー、不確定性理論のハイゼンベルク、原子模型を確立したニールス・ボーアなど、著名な物理学者の多くがその世界観を認めることになりました。中には太極図を自分のシンボルマークにした人もいたということです。

　ですから、今の地球は、陽の実数世界にあるように見えますが、陰の複素数世界にも支えられているものだと考えないといけないのです。現代の我々には複素数世界など全くないように思えますが、よく考えると、その可能性を示す現象がないわけではありません。

　まず、これまでの話の中でも、子供に見られる「生まれ変わり現象」や臨死体験した人の「幽体離脱や体外離脱」は明らかに複素数世界の存在を示すものです。ただ、これらは特殊な個人的体験ですが、普通に生

活している人が普通に複素数世界を意識することはないでしょうか。

　私にもこれまで、これは複素数世界だと確信的に意識したことはありませんでしたが、最近、それに興味を持ってきたせいか、そう思うようになってきたことがあります。

　それは、この本を書いている時でもそうですが、どう書きまとめていいか分からなくなり、そのまま諦めて寝てしまうことがよくあります。ところが、翌朝目覚めた時に、その部分をまとめ直した文章が頭の中に湧き出てくることがあるのです。

　時には、しめたと思って喜んでも、朝飯などを食べた後に思い出せなくなってしまうこともあります。しかし、また次の日になると、さらにうまくまとまった文章になって湧き出てくることもあるのです。

　睡眠中では、自分で意識して考えているわけはないので、本人の意識外のところで思考内容を整理し直すような機構があるように考えられます。もしそうであるとすれば、それは脳内の神経系に共存すると思われる量子真空の働きではないかと考えますが、どうでしょうか。

　似たようなことがないかと考えてみると、昔の出来事を突然思い出して、本当はこういうことだったのではないかと合点したり、昔会った人の顔を突然思い出して戸惑うようなこともあります。これらは、脳神経系の働きだけによるものとはとても思えません。

　また、もっと深く複素数世界を感じさせられるのは老化や寿命との関係です。今は、生物の肉体やその機能は遺伝子が中心として維持され、機能していると考えられています。ですから、老化や寿命もしかるべき遺伝子群でコントロールされているはずです。

　しかし、そのような「老化遺伝子」は生化学的にも目立つ存在で、その検索も容易のように考えられますが、まだ見つかっていないのです。

　前の第3章でお話ししましたように、20世紀初頭にサーチュイン遺

伝子が「長寿遺伝子」として見つかって騒がれたことがあります。しかし、それらは蛋白合成やエネルギー代謝関係のタンパク質の酸化を防いで活性を維持するように働く酵素で、直接、寿命をコントロールするものではありませんでした。

　生物の寿命は、生命を維持するためにエネルギー産生を行っているミトコンドリアなどから発生する過酸化物による組織破壊が蓄積し、細胞機能が低下することによって老化が進むことによります。

　ですから、寿命は遺伝子ではなくて、宇宙（量子真空）からの電子エネルギーが、最終的にはエネルギー代謝系の機能を破壊してもたらされるものだと言えるのです。ですから、寿命過程の進行は量子真空からの電子エネルギーが主役となって働いているのは明らかです。

　では、生命の誕生、維持には遺伝子を中心とする機構が主役になっていると考えられていますが、電子エネルギーも重要な役割を持っているはずです。その解析のためには代謝物の包括的な解析（メタボロミクス）が必要ですが、まだ始まったばかりでそれは分かりません。

　ただ、このメタボロミクス研究で気になるのはエネルギー代謝系の扱いです。エネルギー代謝系は全ての臓器組織と包括的に連絡して機能していますから、それをどう捉えるかです。生物内の臓器組織がエネルギー代謝系からエネルギーだけでなく、機能もコントロールされているという可能性はないのでしょうか。

　そこで、地球における生命の誕生過程からそれを考えてみることにしましょう。

第6章　地球での生命誕生と今後

◎地球での生命誕生

　地球がこの宇宙に生まれたのは今から46億年前といわれています。それはこの宇宙が生まれたビッグバンから90億年も後のことになります。出来たときはもちろん火の玉状態で、高温高圧、大気中には水素、ヘリウムなどの量子と言えるような小型の原子で満ちていました。その後徐々にですが、二酸化炭素、水蒸気などの分子が大気中に増えてきたと言われています。

　それから数億年経つと、地球は次第に冷え、大気中の水蒸気が降り注ぎ、周りに出来た氷の小惑星なども落ちてきて海水状の水たまりが大きくなり、その中で原始生命が誕生してきたといわれています。

　この生命誕生で現在、最有力視されているのが「深海熱水活動域」での生命誕生です。深海熱水活動域というのは温度100度前後の海底で、高温を好む微生物である好熱性メタン菌が活動している領域で、現在でもインド洋などでそれに近い環境のところが見られるということです。

　この深海領域では海底の海洋プレートが左右に分離しながら拡大しており、その露出した活断層から、水と反応して水素が発生します。そしてさらに発生した水素が反応性の高い活断層の岩と反応して電子を発生し、それが電気エネルギーとなり、原始的な代謝が始まったと考えられています。

　つまり、海底の炭素や窒素から二酸化炭素やアミノ酸が合成され、それらから基礎的な有機物が合成され、やがてメタン菌などの古細菌の誕生につながったと考えられています。

　このように、最初に生まれた生命は好熱性の嫌気性細菌類でした。この頃の地球には酸素はなく窒素で満ちていましたから、これらの古細菌は嫌気的エネルギー代謝系で水中の有機物を分解して生きていました。

　それらの生物の機能としては分裂して増えるのがやっとでしたが、エネルギー代謝での過酸化物の発生は全くありませんでしたから、その頃は寿命がなく生きられたと言われています。

　そして 32 億年くらい前になると、その古細菌の中から光合成を盛んに行う植物性の生物が現れ、酸素を産出して大気中に増加させるようになりました。そして、20 億年くらい前に、地上にミトコンドリアを持った好気的な動物性の生物が生まれてきたのです。

　つまり、地球上に初めて現れた生物は植物で、太陽光をエネルギー源として光合成で生命体を作ることができるからです。一方、後で生まれた動物は光合成ができず、植物の作った有機物をエネルギー源として生きることができたのです。

　その後、氷河期がきたり、小惑星が衝突したりして、生物の消滅がおこりました。そして、大型の多細胞生物などが出現したようですが、それらも気候変動で消滅したようです。

　脊椎動物（魚、両生類、鳥など）が現れたのはその 5 億年前くらい後でした。それも氷河期などで大量絶滅してしまいましたが、その後、恐竜の時代を迎えることになりました。しかしそれも、大きな惑星の衝突で絶滅したのはご存知のとおりです。

　その後、600 万年前くらいになるといよいよ霊長類のサル、類人猿が現れ、200 万年前にはヒトがサルから分離して誕生しました。

　このように地球上の生命はこのビッグバンで宇宙が生まれてから 100

億年もたってから誕生し、度重なる寒冷化や温暖化で消滅を繰り返しながら継続できたのです。ここで大切なのは、5度の大量絶滅の後には必ずと言っていいほど、その大きな環境変化を克服できる、大きな生物進化が行われていることです。

　これから見ても、生物の誕生や進化は遺伝子の突然変異の積み重ねによるものという説はとうてい考えられないことです。やはり、何か我々の考えの及ばない力が宇宙から働いている、と考えた方がいいように思われます。

　また、太陽系には多くの惑星が存在していますが生物が誕生し進化したのは地球だけでした。その理由として一番考えられるのは、やはり地球が太陽からの位置が一番適切で、その温度が生物の誕生や生存にちょうど良い範囲に保たれてきたことでしょう。

　例えば、地球より一つ太陽に近い金星では、高温が続いたために水蒸気が大気から消滅し、二酸化炭素がそのまま残りました。そのために、二酸化炭素ガスの温室効果によって500度近い高温になり、生命は生まれませんでした。

　逆に、地球より一つ太陽から遠い火星では温度は低く、今でも北と南に細い氷河地帯があります。その氷河は細く見えますが、氷の量は多く、星全体にまくと高さ1メートル以上にもなるということです。

　ですから、かつては火星に水があったことは確かで、その氷河の痕跡が人工的な運河に見えたのです。それで、私の小さい頃には火星には「火星人」が住んでいると言われ、いろいろな本で火星人が活躍していました。目撃情報と称するものもあったようで、大概、タコを大きくしたような人間でした。

　実はその頃、実家の近くの信濃川の中州から、となり村の小学生が流されていなくなったことがありました。私もそこで（学校や父には内緒

で）泳いでいましたし、父はその小学校の教頭でしたから、我々はもちろん、となり村の人たちが大勢集まってきました。

ところが、見つからないのがはっきりしてきた頃、一人の女の子が「火星人がいたようなの」と目を剥くようにして仲間と話していました。私は驚いてその子を見たら、急に恥ずかしそうな目に変わりました。

あれはきっと嘘だったのですが、火星人に何か親しみのようなものをみんなが持っていたのは確かです。

ちなみに、現在の火星は空気がとても薄く、その95％は二酸化炭素です。気温も昼間は− 20℃度くらいですが、真夜中には− 80℃にもなります。

結局、火星では雨が降って水が溜まっても、温度が上がらなくて、生物は誕生しなかったと考えられます。ただ、水が凍る前に時間があれば原始的な生物が生まれ、その痕跡が残っている可能性があります。

◎地球温暖化とは

結局、地球に生物の誕生し進化できたのは、恒星である太陽からの位置が適当だったということです。このことから温度（気温）が生命誕生の一番重要な自然条件で、それは雨が降って水が溜まるのに適した温度ということになります。

それでは現在の地球での気候条件、ことに温度は安定しているのでしょうか。温暖化が問題視されていますが国際的にはどう見られているのでしょうか。

国連の気候変動に関する協議機関である政府間パネル（IPCC）は、2018年に地球温暖化防止に関しての見解を特別報告として出しています。それまでは比較的楽観的な予測を出していたということですが、こ

の報告で初めてかなり厳しいものになっています。

　それによると、地球の平均気温はすでに産業革命前より1度C上昇していますが、このままいくと2030年から2052年の22年間に1.5度上昇することになるだろうと予想しています。そして、それ以上の上昇を防ぐには2050年までに二酸化炭素の排出量を実質ゼロにすることが必要だとしています。

　そして、たとえ1.5度の上昇に抑えられても熱帯地方を中心に世界的にこれまでとは比較にならないほどの熱波が発生し、地球温暖化が人間の生活や生命を脅かすまでに進むだろうと言われています。

　実際、20年ほど前までは生物種の消滅はほとんど見られませんでしたが、その後の世界経済の規模拡張に連れて増加し、最近は1年に4万種もの生物が絶滅するようになってきたと言われています。

　地球上での生物総数については色々の説がありますが、国連関係機関の推定では870万種になっています。しかし、実際に記録されているのは125万種くらいのようです。ですから、このままのスピードで進むと、百年もすれば、ほぼすべての生物が絶滅したような状態になるとみられています。

　現在、最も早く生物種絶滅が進んでいるのは熱帯地方の森林で、焼き畑農耕や材木伐採盛んなためです。しかし、我が家周辺でも、川や田畑で虫や魚やカエルなどの小動物を見ることはほとんどなくなり、ツバメも巣に帰ってこなくなりました。

　では、地球温暖化の原因として二酸化炭素がなぜ問題になるかというと、よく言われているとおり、温室効果が高いガスだからです。地球の温度はおもに太陽からの電磁気力、つまり「光子」と呼ばれる素粒子の波動エネルギーによって左右されています。

　前述しましたように、光子は振動数の違いで、少ない方から、赤外線、可視光線、紫外線、X 線、ガンマ線までいろいろありますが、地球に一番多く届くのは赤外線です。赤外線はエネルギーが低く温室効果はマイルドですが、量的に多く含まれているのです。

　赤外線は太陽光線にふくまれて降ってきますが、地球上にガス成分が無ければそのまま空の上に跳ね返されます。しかし、ガスがあると、それによって一部は地球の方に跳ね返されるようになるのです。それによって地球上の温度は保たれているわけです。

　二酸化炭素は分子が大きく荷電も持っているだけあって、光線を跳ね返す力が大きいのです。それで空気中の二酸化炭素が多くなると赤外線濃度も高くなり、地球上の温度を上げることになるのです。

　空気中の二酸化炭素の濃度は観測が始まってから少しずつ高くはなってきているのですが、30 年ほど前から急激に上がるようになってきています。その濃度の上昇速度は、以前の何百〜何千倍という驚くほど急激なものなのです。

◎温暖化の動物への影響

　では、空気中の温度が上がると、どうして生命が脅かされるようになるのかというと、赤外線自体は身体の中まではほとんど入ってきませんが、皮膚から加熱して体温を上げることはできます。

　体内には非常に多くの素粒子や量子が存在しますから、体温が上昇すると、それらが衝突し、刺激し合って発熱してきます。すると、体内温が上がり、酵素や核酸などでできた代謝系の働きが次第に不安定になってくるのです。

　実際に、気温が高くなるほど「基礎代謝」のエネルギー消費量（使用

量）が減少してくるのが分かっています。基礎代謝は体も心も安静にした状態で使われるエネルギー代謝量を言います。つまり基本的な生命活動を維持するために使われる最低限のエネルギー量ですが、それが減少するのです。

　生命を維持するのに使用するエネルギー量が減少すると聞くと、むしろエネルギーの節約になって、いいことのように考えられます。しかし、それは間違いで、呼吸や循環などの基礎代謝に使えるエネルギー量が減少するということなのです。十分な基礎代謝が行えなくなるということです。

　基礎代謝のエネルギー量について少し説明しますと、その量はほぼその人の筋肉量に比例して多くなり、10代で最大になり、中年以降に次第に低下してきます。と言っても、筋肉の基礎代謝量が特別に多いわけではなく、肝臓、脳、筋肉がほぼ20％ずつを消費しています。

　その中でも、肝臓は全身の臓器組織のエネルギー源の代謝や供給をコントロールしていますし、筋肉は体を支え、臓器組織の形成や動きなどをコントロールしていますから、基礎代謝でのエネルギー消費が多いのは分かります。

　注目すべきは、脳が精神的な休息状態でも多くのエネルギーを消費していることです。我々の周囲にはいつ何が起きるとも限りませんから、常にすぐ反応できるように、多くの神経系を準備状態におくよう、基礎代謝で活性化を行っているのです。

　その脳の基礎代謝系としては、「こころ回路」とも呼ばれる大脳新皮質のDMN回路が大きな働きをしていると考えられます（こころ回路については、前著に詳しく書いてあります）。

　従って、気温上昇に伴って脳の基礎代謝エネルギーが減少してくると、あまり考えないで、本能的で衝動的な行動をとることが多くなるのです。

　また、この気温上昇の効果は基礎代謝だけでなく、仕事や運動などの活動時のエネルギー代謝でも起こることは明らかです。ことに運動するときは、体温上昇によるエネルギー消費が多くなり、運動そのものに使えるエネルギーが減少してくるのです。

　例えば、マラソン競技などが気温の高い時に行われると、人によっては赤い顔をして苦しそうに、ふらつきながら走っている人がよくみられます。体温上昇により、運動そのものに使えるエネルギーが不足した状態になり、十分な活動ができなくなっているのです。

　さらに最近分かってきたことは、ミトコンドリアの機能は体温が37度くらいで最高になるのですが、42度くらいになるとほとんど停滞してしまうということです。ですから、地球に温暖化が進んで体温があがるようになると、エネルギー代謝リズムの形成も無理になり、生きてゆけません。

　では、ミトコンドリアのどの反応が温度上昇に弱いかというと、それはTCA回路（クレブス回路）ではなく電子伝達系であることは明らかです。

　電子伝達系は通常の活動の中でも超高エネルギーの活性酸素を発生することがあるほど反応性が高いのです。ですから、高温になればミトコンドリア自体を障害して機能を低下させることになります。

◎温暖化の植物への影響

　温度上昇の悪影響は植物にも見られますが、それは動物のものより大きいように思われます。実際に、温暖化した環境での森林火災がよく報

道されています。それは植物の方が温暖化による電子伝達系の障害に水不足からではないかと考えられます。

第1章の最終節でお話ししましたように、葉緑体にも電子伝達系とほぼ同じ「明反応」が行われていますが、植物は自分で移動できませんから、生えている土地が乾燥すると水分の吸収が難しくなり、葉緑体の電子伝達系に電子の供給源になる水をスムーズに送れなくなります。

その上、電子伝達系は強い光線で活性化して過酸化状態になり、木は燃えやすくなります。自分で発火することはなくても、近くの落雷やタバコなどの小さな火の不始末が原因となって燃え出すことになります。

そういう植物に比べると、動物は自由に移動して水を補給できますし、人など高等生物では血液循環系、神経系や内分泌系などの調節を受けて、温度上昇の影響はかなり抑制されていると考えられます。

水の体内における機能は非常に多彩で、普通は体液として血液循環などの個体レベルの機能維持に関係するものと理解されています。しかし、それだけではなく、エネルギー代謝レベルでは、ミトコンドリアや葉緑体での電子伝達系で働く電子エネルギーは、どちらも水の水素原子が持つ電子が関係しているのです。

代謝系を少し詳しく見れば分かることですが、ミトコンドリアでの電子伝達系の電子は、その前の TCA 回路で取り込まれた水分子の電子が使われているのです。

一方、植物の葉緑体では水の働きはもっと直接的です。植物では、根から吸収された水が太陽光線のエネルギーによって活性化され、その電子が伝達系で使われています。

ですから、植物で水の吸収が悪くなれば、すぐ太陽光エネルギーが過剰になり、葉が乾燥し燃えやすくなるのです。これから、植物での水不足がその生命にとっていかに大変な事か分かります。

　しかし、前にもお話ししましたが、地球が生まれた頃には酸素はなく窒素で満ちていましたから、光合成を行う植物性の生物が現れ、酸素を産出して大気中に増加させるようになりました。そして、12 億年くらいあとになって好気的エネルギー代謝を行う動物が生まれてきたのです。

　つまり、動物は植物の作った有機物をエネルギー源として生きることができるのです。ですから、動物は植物なしには生きられないのです。

　実際に、植物の葉を食べる虫類、小動物の種の消滅が著しく、また、柿やドングリなどの木の実を餌にするリス、シカや熊などの動物が、エサを求めて里に降りてくるようになってきました。

　そして、さらに地球温暖化が進めば、これらの植物や動物を食料にしている我々高等生物も栄養不足になり、さらに体温があがるためにミトコンドリアでのエネルギー代謝が低下し、生きて行くのが難しくなってくるのではないでしょうか。

◎地球温暖化と人間社会の対応

　先に述べました 2018 年の IPCC（国連の気候変動に関する政府間パネル）では、地球の平均気温は産業革命後から 1 度上昇し、今では 1 年間に 4 万種もの生物が絶滅していると報告されています。

　私はその IPCC のニュースをある民放の報道番組で見たのですが、その番組では司会者が 3 人いたのですが、異口同音にあと 30 年足らずのうちに二酸化炭素の実質排出量をゼロにすることなどは無理だと断言していました。

　火力発電などは止めなければなりませんから難しいことは確かですが、そうした場合に生命にどのような危険が及ぶのかについては全く触れていませんでした。

平均気温の１度Ｃの上昇というと非常に小さくて、そんなに生活に影響が出るのかと思ってしまいます。しかし、温暖化といっても、寒いときには寒冷化も促進されますから、年間平均気温にすると数値はそんなに上がらないのです。それは、東京など比較的温暖な土地でも、昨年の冬にはかなり寒冷化し、かなりの雪が積もったことでも分かります。

　IPCC は国連で 1088 年に設立された世界各国の政府から推薦された気候変動の専門家や学者たちのパネル（討論集会）で、今回の報告書は総勢 200 名以上で作成し、2000 名以上の専門家が討議して作成したものだということです。ですから、この報告書はほぼ全ての気象専門家が地球温暖化に危機感を抱いていることが分かります。

　一方、IPCC の意見を聞くべき政府は、どの国でも地球温暖化の防止に熱心とは言えません。現在、アメリカではカリフォルニア州の山林火災が続いていますが、消火活動を視察したトランプ大統領（当時）に、記者団から「これは地球温暖化と関係あるのでは？」という質問が飛び出しました。彼は何も答えませんでしたが、表情は硬く、気にしていることは確かだと思いました。現在の国際情勢を見ればうっかりしたことは言えないのは分かります。

　どこの国の政府も、IPCC がこのような報告書を出してきたからには何らかの対策をしなければならないと思っているはずです。それには国際協調が必須ですが、その対策は経済力を基本とする国力を弱めることになりますから、うっかり言い出せない状況なのです。

　また、IPCC の発表があった後、やはり国連の気候変動枠組条約締結国の集まりである COP24（第 24 回気候変動枠組条約締約国会議）の集会があり、先進国だけでなく後進国も含め温室効果ガス排出の削減条約が締結されたという報道がありました。ようやく各国が地球温暖化に前向きに取り組む機運が生まれたと報道されています。

　しかし、そのガス削減規模は各国が自主的に定めたもので十分なものとは言えません。仮に各国がその削減基準を達成しても、とても温暖化を抑えるような効果があるとは思えない、というのが大方の見方のようです。

　最近の人間社会を見ると、私には、どうも利己的、排他的になってきているように見えます。それも温暖化の影響かと疑いたくなります。こころと身体そして宇宙（環境）の一体性を理解し、世界中の人が協力して温暖化を阻止するように努力しないと、結局は地球上の全生物は壊滅に向かうのではないでしょうか。

　私の子供の頃は、夜になると満天の星空で、天の川もいつもはっきり見えていました。輝く星の数の多さから、我々のような人間があちこちの星にいるのではないかと思わざるをえませんでした。

　天の川は地球を含む銀河系で、1000 億個の恒星が存在し、そんな銀河が 1000 億個存在するとみられています。ですから、地球のような生命が生まれる条件の惑星もあるはずです。

　地球が生まれた恒星の太陽は寿命が 100 億年と言われ、あと 45 億年の余命があると言われていますが、地球の寿命はあと 17.5 億年だろうと推測されています。ちょっと短いように思われますが、地球上に人の祖先が現れたのは 200 万年ほど前と言われていますからまだ地球は生まれたばかりで、先はうんと長いのです。

　しかし、もはや人や他の生物の生命を苦しめる環境が生まれ始めています。いかにも早い環境破壊が進んでいるのです。最も問題になるのは人間社会の国家間の経済発展および軍事力の競争です。

　国家間あるいは国内地域間に利害関係が生ずることは致し方のないことです。問題はその対応が地球温暖化を招くような争いになることをいかに避けるかにあります。それには、前章でお話しした太極図の考えが

やはり重要であるように思われます。

　つまり、争う相手の要求が理解できないものでも、まずはお互いによく話し合うことです。現在流行のスマホを使った、匿名の投書や偏見の強い意見で合意し合うなどということは避けなければなりません。

　対立を認めながらも譲れるところは譲って、それぞれの社会生活を楽しむようにすることです。そんなことは当たり前だと思われるでしょうが、それができなくて武力衝突になるのです。

　今の人間社会にこのような共存を求めることは無理なことにも思えます。しかし、どの地域にも、かつての経済力の弱い時代には、この太極図的なあるいはそれに近い状態を経験しているはずですから、不可能ではないはずです。

　そして、もう一つの問題は、このように生活を変えたとしても、現在の地球温暖化が完全に収束するかどうかです。これは気象の専門家でも難しい問題かもしれませんが、まだそうひどい状態ではありませんから、少し後遺症はあっても大きな気候変化はないだろうと、私は期待しています。

◎地球はどこへ

　それでは最後になりましたが、この地球の最後の姿について考えてみましょう。地球の寿命は今述べましたようにあと約17.5億年と言われています。それは恒星である太陽での核融合が中心部の水素を使い果たすことによってその活動が終焉を迎えることによります。

　太陽はその力が衰えてくると拡大を始め、光量が減少して温度が下がり赤く見えてくるようになり、「赤色巨星」と言われる膨張拡大した形になってきます。それはどこまで拡大するか分かっていないようですが、

地球はその熱によって崩れ、巨星に飲み込まれるか、落ち込んでゆくかして消えることになります。

　恒星の終末の姿としてはブラックホールが有名ですが、それは地球より30倍以上も大きな恒星での話です。ブラックホールの寿命は長く、ほとんど縮小したりすることはありません。しかし、赤色巨星の場合は宇宙から消えていくことが考えられているようですが、その過程についてはほとんど言われていません。

　一つの可能性は、やはり我々生物のように、量子真空に消えていくことが一番考えられます。それではそれを示唆するような現象があるかというと、それは宇宙に散在するダークマター（暗黒物質）、ダークエネルギー（暗黒エネルギー）ではないでしょうか。

　ただ、これらの正体不明の宇宙物質やエネルギーについては、研究者の間では、この宇宙が生まれたビッグバンに関係するものと考えられ、特定の粒子などの探索が進んでいるようです。

　しかし、私にはダークマターは惑星群、ダークエネルギーは恒星群の終末の姿で、彼らの生まれた量子真空へ帰って行く途中のように思えます。これらには、特殊な観測機器で見ると物質やエネルギーが感知できるのですが、我々が利用できない状態、つまり、量子から素粒子に回帰する直前の粒子群ではないかと考えられます。

　実際、これらダークマターなどは量子真空ではないかという研究者が出てきて注目されています。それはナッシム・ハラメイン博士ですが、「異端科学者」などと呼ばれているのが気になりますが、支持者が増えてきているのだそうです。

　この宇宙が生まれたのが137億年前、地球が生まれたのが46億年前で、それから64億年くらい経っていることを考えると、これまでに非常に多くの恒星や惑星が宇宙から消えていったのではないかと考えられます。恒星を中心としたものであればダークエネルギー、惑星を中心と

したものならダークマターになるとも考えられます。

　何れにしても太陽系の惑星地球も赤色巨星に飲み込まれて消えていくわけですが、その行く先は生まれ故郷の量子真空しかないはずです。

　そして、太極図の思想に合わせると、またいつかは地球類似の天体群が量子真空からビッグバンで生まれてくることが期待されることになります。

　この考えが当たっているとは断言できませんが、そう考えると、何かこの世の風景や生命にほのぼのとしたものを感じてしまうのは私だけでしょうか。

　結局、地球も我々生物も、宇宙の量子真空から生まれ、やがてそこへ返っていくのです。

参考書籍

◎自著
『生物とは何か―我々はエネルギーの流れの中で生きている』劒 邦夫著
（PHP パブリッシング）2009

『細胞はなぜ「がん」になるのか―理由は代謝リズムの失調』劒 邦夫著（e
ブックランド）2011

『がん、うつ、糖尿病、老いはエネルギー代謝の乱れから―健康に暮らすた
めの本』劒 邦夫著（e ブックランド）2016

『我々はなぜ生まれ、なぜ死んでゆくのか―がん、うつ、糖尿病、老いはエ
ネルギー代謝の乱れから』劒 邦夫著（e ブックランド）2017

『こころはなぜ生まれ なぜ変わるのか―脳のエネルギー代謝のふしぎ』劒
邦夫著（風詠社）2018

『エネルギー代謝から見える生命と宇宙の一体性―我々は真空から生まれた
地球で育ち、どこへ帰るのか』劒 邦夫著（風詠社）2020

◎エネルギー代謝関係
『生命を支える ATP エネルギー―メカニズムから医療への応用まで』二井
將光著（講談社）2017

『散逸構造―自己秩序形成の物理学的基礎』G. ニコリス、I. プリゴジーヌ著
小畠陽之助、相沢洋二著（岩波書店）1980

『プリゴジンの考えてきたこと』北原和夫著（岩波書店）1999

『オートポイエーシス－生命システムとは何か』H.R. マトゥラーナ、
F.J. ヴァレラ著　河本英夫訳（国文社）1991

『時間栄養学　時計遺伝子と食事のリズム』香川靖雄編著（女子栄養大学出
版部）2009

『体内時計のふしぎ』明石 真著（光文社）2013

◎脳、こころ関係
『プロが教える脳のすべてがわかる本―脳の構造と機能、感覚のしくみから、

81

脳科学の最前線まで』岩田 誠監修（ナツメ社）2011

『脳疲労が消える　最高の休息法—脳科学×瞑想聞くだけマインドフルネス入門』久賀谷 亮著（ダイヤモンド社）2017

『睡眠の科学—なぜ眠るのかなぜ目覚めるのか　改訂新版』櫻井 武著（講談社）2017

『つながる脳科学 —「心のしくみ」に迫る脳研究の最前線』理化学研究所脳科学総合研究センター編（講談社）2016

『食欲の科学—食べるだけでは満たされない絶妙で皮肉なしくみ』櫻井 武著（講談社）2012

「特集 見えてきた記憶のメカニズム」井ノ口馨／A. J. シルバ著　別冊日経サイエンス・所載（日経サイエンス社）2017

『大脳皮質と心—認知神経心理学入門』ジョン・スターリング著、苧坂直行／苧坂満里子訳（新曜社）2005

『意識と無意識のあいだ —「ぼんやり」したとき脳で起きていること」』マイケル・コーバリス著　鍛原多惠子訳（講談社）2015

『心は何でできているのか—脳科学から心の哲学へ』山鳥 重著（角川選書）2011

『無意識の構造』河合隼雄著（中公新書）1977

『「こころ」はいかにして生まれるのか—最新脳科学で解き明かす「情動」』櫻井 武（ブルーバックス）2018

『記憶と情動の脳科学—「忘れにくい記憶」の作られ方』ジェームズ・L・マッガウ著　大石高生、久保田 競監訳（講談社）2006

『心の科学—戻ってきたハープ』エリザベス・ロイド・メイヤー著　大地 舜訳（講談社）2008

◎量子、宇宙関係

『宇宙になぜ我々が存在するのか—最新素粒子論入門』村山 斉著（講談社）2013

『生命のニューサイエンス—形態形成場と行動の進化』ルパール・シェルドレイク著　幾島幸子、竹居光太郎訳（工作舎）1986

82

『タオ自然学―現代物理学の先端から「東洋の世紀」がはじまる』フリッチョフ・カプラ著　吉福伸逸ほか訳（工作舎）1975

『量子の宇宙でからみあう心たち―超能力研究最前線』ディーン・ラディン著　竹内 薫監修、石川幹人訳（徳間書店）2007

『人体と宇宙のリズム（新装版）』ルドルフ・シュタイナー著　西川隆範訳（風濤社）2020

『叡知の海・宇宙―物質・生命・意識の統合理論をもとめて』アーヴィン・ラズロ著　吉田三知世訳（日本教文社）2006

『創造する真空―最先端物理学が明かす〈第五の場〉』アーヴィン・ラズロ著　野中浩一訳（日本教文社）2008.

『生ける宇宙―科学による万物の一貫性の発見』アーヴィン・ラズロ著　吉田三知世訳（日本教文社）2008

『量子のからみあう宇宙―天才物理学者を悩ませた素粒子の奔放な振る舞い』アミール・D・アクゼル著　水谷 淳訳（早川書房）2004

『生命場の科学―みえざる生命の鋳型の発見』ハロルド・サクストン・バー著　神保圭志訳（日本教文社）1972

『宇宙をプログラムする宇宙―いかにして「計算する宇宙」は複雑な世界を創ったか？』セス・ロイド著　水谷 淳訳（早川書房）2007

『全体性と内蔵秩序』デーヴィド・ボーム著　井上忠ほか訳（青土社）2005

『投影された宇宙―ホログラフィック・ユニヴァースへの招待』マイケル・タルボット著　川瀬勝訳（春秋社）1994

『「量子論」を楽しむ本―ミクロの世界から宇宙まで最先端物理学が図解でわかる！』佐藤勝彦監修（PHP文庫）2000

『真空のからくり―質量を生み出した空間の謎』山田克哉著（講談社）2013

『量子力学で生命の謎を解く』ジム・アル＝カリーリ、ジョンジョー・マクファデン著　水谷 淳訳（SBクリエイティブ）2015

『科学は臨死体験をどこまで説明できるか』サム・パーニア著、小沢元彦訳（三交社）2006

『人はいかにして蘇るようになったのか―蘇生科学がもたらす新しい世界』サム・パーニア、ジョシュ・ヤング著　朝田仁子訳（春秋社）2015

『量子論から解き明かす「心の世界」と「あの世」―物心二元論を超える究極の科学』岸根卓郎著（PHP研究所）2014

『新しい量子生物学―電子から見た生命のしくみ』永田親義著（講談社）1989

『超常現象―科学者たちの挑戦』梅原勇樹、苅田 章著（NHK出版）2014

『皮膚は考える』傳田光洋著（岩波書店）2005

『できたての地球―生命誕生の条件』廣瀬 敬著（岩波書店）2015

『子供の「脳」は肌にある』山口 創著（光文社新書）2004

『「気」とは何か―人体が発するエネルギー』湯浅泰雄著（NHKブックス）1991

著者略歴

劔　邦夫（つるぎ・くにお）

昭和 16 年（1941 年）新潟で生まれる。
昭和 41 年　新潟大学医学部卒業。1 年間の臨床実地訓練を受ける。
昭和 42 年 4 月　新潟大学大学院博士課程入学。生化学を専攻。
昭和 46 年 3 月　新潟大学大学院博士課程終了。医学博士。
昭和 46 年 4 月　新潟大学医学部助手。生化学教室勤務。
昭和 48 年から 2 年間、米国シカゴ大学でポストドクタル・フェローとして
生化学研究に従事。
昭和 53 年 5 月　新潟大学医学部助手助教授。
昭和 59 年 4 月　山梨医科大学医学部教授。生化学第二教室を主宰。学部学
生の生化学講義を担当するとともに、十数人の大学院生の研究指導を行った。
平成 19 年 3 月　定年退職。現在、山梨大学名誉教授（医学部・生化学）。

地球に生命の生まれたわけ　生命は水と宇宙の一体性から

2021 年 7 月 15 日　第 1 刷発行

著　者　劔　邦夫
発行人　大杉　剛
発行所　株式会社 風詠社
　　　　〒 553-0001　大阪市福島区海老江 5-2-2
　　　　　　　　　　　大拓ビル 5 - 7 階
　　　　TEL 06（6136）8657　https://fueisha.com/
発売元　株式会社 星雲社
　　　　　　　　（共同出版社・流通責任出版社）
　　　　〒 112-0005　東京都文京区水道 1-3-30
　　　　TEL 03（3868）3275
印刷・製本　シナノ印刷株式会社
©Kunio Tsurugi 2021, Printed in Japan.
ISBN978-4-434-29207-1 C3045